Robert Spaemann
Nach uns die Kernschmelze

Hybris im atomaren Zeitalter

Klett-Cotta

Klett-Cotta
www.klett-cotta.de
© 2011 by J. G. Cotta'sche Buchhandlung
Nachfolger GmbH, gegr. 1659, Stuttgart
Alle Rechte vorbehalten
Printed in Germany
Einbandgestaltung: Rothfos & Gabler, Hamburg
Gesetzt aus der Minion von Dörlemann Satz, Lemförde
Gedruckt und gebunden von CPI – Clausen & Bosse, Leck
ISBN 978-3-608-94754-0

Bibliografische Information der Deutschen Nationalbibliothek
Die Deutsche Nationalbibliothek verzeichnet diese Publikation in der
Deutschen Nationalbibliografie; detaillierte bibliografische
Daten sind im Internet über http://dnb.d-nb.de abrufbar.

Inhalt

Vorwort 7

1. Technische Eingriffe in die Natur als Problem
   der politischen Ethik (1979) 13
   Vorbemerkung 13
   I – Zumutbarkeit von Nebenwirkungen 14
   II – Gesichtspunkte zur Beurteilung 28

2. Ethische Aspekte der Energiepolitik (1980) . . . 49
   Der Ideologieverdacht der Christen 52
   Das Spezifikum des Moralischen 53
   Die Moral in der Energiepolitik 59
   Ethische Schlussfolgerungen für die Energiepolitik 63

3. »Ich plädiere für die Rückkehr zu einem
   Fortschritt im Plural« (1988) 70

4. Nach uns die Kernschmelze (2006) 86

5. »Wo war Gott in Japan?« (2011) 91

6. »Die Vernunft, das Atom und der Glaube« (2011) 101
   *Über entfesselte Wissenschaft, frivole Wachstums-
   politik und das verdrängte Restrisiko*

Zum Autor 108

Vorwort

Recht behalten zu haben ist eine kümmerliche Befriedigung. Der Warner vor einem großen Unglück würde es ja vorziehen, ganz und gar widerlegt zu werden. *Three Miles Island – Tschernobyl – Fukushima*: Immer waren es unglückliche Zufälle, aus denen man, zum Beispiel in Russland, offenbar nichts lernen kann und zu lernen braucht - jedenfalls nicht zu lernen, dass man aus dieser Technologie aussteigen muss.
Stattdessen planen wir einzelne zusätzliche Sicherheitsmaßnahmen, die die Wahrscheinlichkeit einer Katastrophe vermindern sollen. Die Katastrophe – auch für den schlimmsten Fall – gänzlich und definitiv auszuschließen hieße, auf die Technik der Kernspaltung zu verzichten. Wir gehen in unserem Leben ständig Risiken ein, manchmal riskieren wir sogar unser Leben. Wir steigen in Flugzeuge, obwohl die Wahrscheinlichkeit abzustürzen nicht gleich Null ist. Es kommt darauf an, einzusehen, dass die Sache hier anders liegt: Keine noch so weitgehende Minimierung des Risikos kann uns berechtigen, sukzessiv ganze Regionen unseres kleinen Planeten in No-Go-Areas oder in Todeszonen zu verwandeln.

Man sagt uns, diese Technologie sei im Augenblick ohne Alternative. Wäre dem so, hieße das, eine unsichtbare, intelligente Hand würde die Entwicklung von Wissenschaft und Technik so steuern, dass immer dann, wenn die Menschheit mit ihrem Überleben und ihrem materiellen Fortschritt in einen Engpass gerät, plötzlich genau die Entdeckung bei der Hand wäre, die allein ermögliche, dass es weitergeht mit dem Menschen. Kein Vertreter des Intelligent Design in der Evolutionstheorie wagt eine vergleichbar fantastische Annahme. Rettende Lösungen existentiell bedeutsamer Krisen werden allerdings in der Regel nur dann gefunden, wenn die Menschheit mit dem Rücken zur Wand steht. Solange das Ausweichen auf Atomenergie als Option zur Verfügung steht, ist diese Dringlichkeit nicht gegeben, die uns zu alternativen Lösungen führt. Dabei zeichnen sich inzwischen ja schon die Alternativen ab, und man spricht von der Atomenergienutzung als »Brückentechnologie«. Aber diese Brücke muss man so schnell wie möglich überqueren, und das auch unter einschneidenden Opfern an Geld und Wohlstand. Wenn ein Mensch in einer existenzbedrohenden Not das Leben seines Kindes verwettet, handelt er auch unverantwortlich, selbst wenn die Gewinnchancen bei dieser Wette für ihn 99:1 stehen. Niemand kann ja wissen, ob das Unwahrscheinliche gerade morgen geschieht.

Es ist nicht von ungefähr, dass die erste Nutzung der Kernenergie ein Massenmord war, der Massenmord an den Bewohnern von Hiroshima und Nagasaki. »It was technologically so sweet«, gestand Robert Oppenheimer, um sein Engagement für die Herstellung der Bombe zu erklären, gegen die er sich später aussprach. Und Carl Friedrich von Weizsäcker erzählte, was er und mit ihm das Forscherteam, das an der Bombe arbeitete, spontan äußerte, als die Nachricht von der Vernichtung Hiroshimas bekannt wurde: »Also, es klappt tatsächlich!« So sind Wissenschaftler, wenn sie ausschließlich Wissenschaftler sind. Aber als es dann später um die atomare Bewaffnung der Bundeswehr ging, wussten wir – die Gegner dieser Bewaffnung – denselben Carl von Weizsäcker auf unserer Seite. Auch damals hörten wir das Argument, es gebe keine Alternative. Ohne diese Waffe wäre der Westen angeblich gegenüber der sowjetischen – bis dahin noch nicht nuklearen – Bedrohung wehrlos, was natürlich nur dann zutraf, wenn man die Alternative höherer Rüstungsausgaben und höherer Militärstärken nicht in Betracht zu ziehen bereit war. Es war übrigens interessant, dass unsere fairsten Kritiker und Gesprächspartner führende Militärs waren und dass es die Zeitschrift *Militärseelsorge* war, die diese Kontroverse veröffentlichte.

Viele Jahre später, als es dann um die Nachrüstung ging, wurde ich zum Gegner der sogenannten Friedensbewegung. (Ich habe das in einem Brief an Heinrich Böll erklärt, der jetzt in dem Band »Grenzen« dokumentiert ist.) Hier ging es nämlich nicht mehr um die Frage eines Ja oder Nein zur atomaren Bewaffnung. Diese Bewaffnung hatte ja längst stattgefunden, sondern es ging darum, das Kriegsrisiko zu senken: Das Gleichgewicht des Schreckens wollte der Westen immer wieder in dem Maße sichern, in dem die Sowjetunion dieses Gleichgewichts gefährdete. Ein amerikanisches Monopol auf Atomwaffen hielt ich damals für genauso gefährlich wie ein sowjetisches. So sah es übrigens auch Sacharow.

Inzwischen ist die Zahl der Atomwaffen in der Welt ins Absurde gestiegen, sie einzusetzen aber, das heißt der atomare Erstschlag, völkerrechtlich verboten, was immer das im Ernstfall bedeuten mag. Stattdessen haben wir nun also die »friedliche Nutzung«, die wiederum angeblich alternativlos ist. Ich will hier nicht die öffentliche Debatte in Deutschland neu aufrollen, sondern nur dem bisher Geschriebenen und Gesagten einen Gedanken hinzufügen: Dass die erste Nutzung dieser Technologie die Atombombe war, ist kein Zufall. Die Entfesselung dieser Art von Energie ist selbst schon der Anfang des Unfriedlichen, wie wir zu lernen beginnen. Christliche Apologeten äußern gelegentlich, Gott habe doch diese Energie dem Menschen zur Verfügung gestellt. Aber da stimmt etwas nicht. Diese Kraft dient in der Natur dem Zusammenhalt der materiellen Welt. Wenn wir an einem windstillen, sonnigen Maimorgen durch die frühlingshafte Landschaft wandern, sind wir uns in der Regel nicht der ungeheuren Energie bewusst, die diese friedliche Gestalt ermöglicht. Wer am Rheinfall von Schaffhausen steht, kann beobachten, wie eine ruhige, fast unbewegte Wasserfläche dort, wo das Gefälle beginnt, sich im Herabstürzen in ein wildes Tosen verwandelt, um, unten aufgeprallt, dann rasch wieder zur Ruhe zu kommen, als wäre nichts gewesen. Zersprengte Atome kommen jedoch so schnell nicht wieder zur Ruhe. Genauer gesagt, sie kommen vielleicht in etwa 25 000 Jahren zur Ruhe. Es grenzt schon an Frivolität zu behaupten, Gott habe gewollt, dass wir die Bewohnbarkeit von Teilen unseres Planeten für Jahrtausende verwetten, um jetzt unseren Lebensstandard zu erhalten.

Vermutlich wird es schon in 10 000 Jahren keine Menschen mehr geben, jedenfalls aber keine wissenschaftlich-technische Zivilisation mehr, in der überhaupt noch bekannt ist, worum es sich bei diesen Gefahrenquellen handelt. Die letzte große Völkerwanderung hat das Wissen der griechisch-römischen Kultur weitgehend in Vergessenheit geraten lassen. Wie es menschenmöglich war, die gewaltigen Steine in Stonehenge aufeinanderzutürmen, ist uns bis heute unbekannt. Man konnte dieses Wissen nicht über so lange Zeiträume weitergeben. Und hier handelt es sich nur um wenige Jahrtausende. Wenn es aber noch Menschen geben wird, dann tragen wir zwar für sie Verantwortung, aber keine positive Verantwortung; für ihr Glück müssen sie schon selbst sorgen. Wir haben aber die Pflicht, ihnen die elementaren Ressourcen des Lebens ungeschmälert zu übergeben. Wir müssen nicht über einen verborgenen Ratschluss Gottes spekulieren – »Du hast mir die Wege des Lebens bekanntgemacht«, heißt es im Psalm. Es genügt, unsere Vernunft zu gebrauchen, um zu wissen, was gut und was schlecht ist.

1. Technische Eingriffe in die Natur als Problem der politischen Ethik (1979)*

Vorbemerkung

Moderne Technologien auf physikalischem und biologischem Gebiet, insbesondere Atomspaltung und genetische Manipulation, werfen moralische Probleme auf, für deren Lösung traditionelle philosophische und theologische Argumentationen nur dann Hilfe bieten, wenn wir sie in ihrer abstraktesten und allgemeinsten Form heranziehen. Dies gilt insbesondere dort, wo die moralischen Probleme sich mit den politisch-rechtlichen überschneiden, das heißt mit der Frage nach der Verantwortlichkeit des Staates für die möglichen Folgen und Nebenfolgen der Anwendung dieser Technologien. Um hier zu Ergebnissen zu gelangen, die allgemeine Einsichtigkeit beanspruchen können, ist es deshalb erforderlich, sich der Grundlagen der Argumentation Schritt für Schritt zu versichern. Ich beginne daher mit einer Erörterung des allgemeinen moralphilosophischen Problems der *Zumutbarkeit von Nebenwirkungen*, um in einem zweiten Teil *Gesichtspunkte zur Beurteilung* tech-

---

* Erschienen unter diesem Titel in: Scheidewege. Vierteljahresschrift für skeptisches Denken, 9. Jahrgang 1979, Heft 4, S. 476–497.

nischer Eingriffe in die natürliche Umwelt zu entwickeln.

I – Zumutbarkeit von Nebenwirkungen

Es liegt im Wesen menschlicher Handlungen, dass sie Nebenwirkungen hervorbringen. Dieser Satz ist nur die Kehrseite des anderen, dass Handeln auf Zwecke gerichtet ist. »Zweck« heißt jene Folge, die der Handelnde aus der Gesamtheit der Handlungsfolgen intentional heraushebt und im Verhältnis zu welcher er alle anderen Folgen zu Nebenfolgen, zu Mitteln oder zu Kosten herabsetzt. Nur durch solche Selektion wird Handeln überhaupt möglich, und nur durch sie wird es von »blinden« Naturereignissen unterscheidbar. Der Unterschied zwischen »Mitteln« und »Nebenwirkungen« liegt darin, dass Mittel selbst als diese gewollt werden müssen, also Unterzwecke sind, während Nebenwirkungen nicht gewusst, gewollt und herbeigeführt, sondern nur »in Kauf genommen« werden. So etwa ist die Zerstörung einer Kaserne im Krieg ein Mittel zur Erreichung des Kriegszieles, die Zerstörung der benachbarten Wohnhäuser aber eine Nebenwirkung, die mangels ausreichender Begrenzungsmöglichkeit der Sprengwirkung einer Bombe »in Kauf genommen« wird. Allerdings kann der Terroreffekt von Angriffen auf zivile Objekte auch selbst als Kriegsmittel beabsichtigt sein.

Dass der Handelnde in der Wahl der Mittel nicht frei ist, dass also nicht »der Zweck jedes Mittel heiligt«, ergibt sich aus einer einfachen Überlegung. Die Zwecke der Menschen sind verschieden. Die Mittelwahl des einen kann für den anderen Vereitelung seines Zweckes sein. Das Recht eines jeden, jeden anderen in seiner Zweckverfolgung nach Maßgabe der eigenen Zwecke beliebig zu behindern, würde den Begriff des Rechts selbst unmittelbar aufheben. Eine solche Befugnis wäre gleichbedeutend mit dem Ende einer Rechtsordnung überhaupt. Andererseits heißt »Mittel anwenden«, oder »Kosten aufwenden« immer: die Möglichkeit der Verfolgung anderer Zwecke einschränken. Diese anderen Zwecke können sowohl die des Handelnden selbst als auch die Zwecke anderer sein. Die Kosten einer Ferienreise können den Bau eines Hauses verzögern. Und in einem sehr allgemeinen Sinne behindert auch jede Zielverfolgung eines Menschen mögliche Zielerreichungen eines anderen. Wenn die Ressourcen knapp sind, steht das Verbrauchte nicht mehr zur Verfügung, weder für den Verbraucher selbst noch für einen anderen.

In beiden Fällen kann sich ein moralisches Problem stellen. Es gibt Pflichten des Menschen gegen sich selbst. Wer für einen Augenblicksgenuss seine Gesundheit ruiniert, verletzt eine solche Pflicht. Dies zu begründen würde über unser Thema hinausführen. Den Pflichten gegen sich selbst korrespondieren nämlich keine einklagbaren Rechte. Das Verhältnis zu sich selbst ist kein durch Regeln der Gerechtigkeit normiertes Verhältnis. *Volenti non fit iniuria.* (Dem, der bekommt, was er will, geschieht kein Unrecht.) Wo es hingegen um das Ver-

hältnis des Handelnden zu Betroffenen geht, die mit ihm nicht identisch sind, da entsteht das Problem der Gerechtigkeit, das heißt der Zumutbarkeit der Nebenfolgen des Handelns, und zwar stellen sich in diesem Zusammenhang vor allem zwei Fragen:
1. Welches sind die Kriterien der Zumutbarkeit?
2. Wer trägt die Verantwortung für die Zumutung von Handlungsnebenfolgen?

Kriterien der Zumutbarkeit: Hinsichtlich der Frage der Zumutbarkeit gibt es zwei extreme Auffassungen. Die erste ist die *anarchistische*. Sie geht davon aus, dass es kein anderes Kriterium für Zumutbarkeit gibt als die wirkliche Zustimmung der Betroffenen. Dahinter steht folgende richtige Erkenntnis: Die Freiheit des Menschen besteht gerade darin, dass nicht andere über den Wert und Rang seiner Wünsche und Interessen zu entscheiden haben. Zur Freiheit gehört, dass ich den Dingen für mich die Bedeutung geben kann, die ich selbst ihnen zu geben wünsche. Der Bereich, in dem die individuellen Präferenzen ohne Bevormundung den Ausschlag geben, ist der freie Markt.

Als Lösung des Gerechtigkeitsproblems stößt der Anarchismus jedoch auf einige grundsätzliche Schwierigkeiten:

a) Da jedes Handeln Nebenfolgen zeitigt, durch welche andere in Mitleidenschaft gezogen werden, würde jedes Handeln vereitelt werden können, wenn nur einer der auch noch so entfernt in Mitleidenschaft Gezogenen Widerspruch erhöbe. Niemand könnte mehr bauen, wenn jeder die Beeinträchtigung seines subjektiven Wohlbefindens durch den Bau des anderen geltend machen könnte, ohne die Unzumutbarkeit dieser Beeinträchtigung nach allgemeinen Kriterien für Zumutbarkeit aufzeigen zu müssen. Unterlassung jeden Handelns aber ist erst recht unzumutbar für ein freies Wesen.

b) Die anarchistische Forderung muss deshalb wenigstens eine von zwei Hilfsannahmen machen: Sie muss entweder voraussetzen, dass die menschlichen Wünsche »von Natur« mit den vorhandenen begrenzten Mitteln zu ihrer Befriedigung in prästabilierter Harmonie stehen. Oder sie muss voraussetzen, dass alle Menschen ihre Ansprüche von sich aus auf ein »gerechtes Maß« zurückschrauben. Die eine Voraussetzung macht den Menschen zum Tier, die andere zum Heiligen. Die erste Annahme wird durch die Geschichte widerlegt. Gäbe es jene prästabilierte Bedürfnisstruktur, dann hätten die Menschen nicht alles darangesetzt, durch Entfaltung der Produktivkräfte die Befriedigungsmöglichkeiten zu vermehren, und sie hätten nicht in Funktion dieser Vermehrung die Bedürfnisse selbst ausgeweitet. Die Widerlegung der zweiten Annahme folgt logisch aus der ersten. Mit der Bereitschaft zu einer »gerechten Lösung« von Interessenkonflikten könnte man nur dann mit Sicherheit rechnen, wenn sie angeboren wäre. Sie würde dann eine Art von »natürlichem Bedürfnis« sein, was wiederum durch den Gang der Geschichte widerlegt wird. Die Bereitschaft, »gerechte Lösungen« zu akzeptieren, setzt die Tugend der Gerechtigkeit voraus. Für Tugenden aber gilt das Wort Spinozas: »Alles Vortreffliche ist ebenso schwierig wie selten.«

Wegen der unter a) und b) genannten Schwierigkeiten des Anarchismus ist dieser historisch selten in Reinform aufgetreten, sondern öfter in einer sozialistischen Variante, die eine vorgängige Verschmelzung von Einzelinteressen und Kollektivinteressen ins Auge fasst. So fordert zum Beispiel Proudhon, politisches Leben und private Existenz, gesellschaftliche und individuelle Interessen müssten zunächst miteinander identisch werden, dann werde deutlich, dass aller Zwang verschwunden sei und wir uns in der vollen Freiheit der Anarchie befänden. Marx hat richtig gesehen, dass eine solche Identität nur unter der Bedingung möglich ist, dass das Grundphänomen allen bisherigen Wirtschaftens beseitigt ist, das Phänomen der Knappheit. Da indessen, wie wir heute wissen, Knappheit aus ökologischen, physikalischen und anthropologischen Gründen prinzipiell unaufhebbar ist, bleibt die definitive Aufhebung des Dualismus von Individualinteresse und Allgemeininteresse eine Fiktion, der nur durch Zwang allgemeine Geltung verschafft werden kann, sodass der Anarchismus sich selbst aufzuheben genötigt ist.

c) Die dritte Schwierigkeit, die der anarchistischen Lösung im Wege steht, ist die folgende: Wirklich zustimmen können den jeweiligen Handlungsfolgen nur die zur Zeit der Handlung existierenden mündigen Mitmenschen. Betroffen sind aber auch Unmündige und unter Umständen auch noch gar nicht geborene Menschen. Die Frage der Zumutbarkeit für diese muss also von anderen als von ihnen selbst entschieden werden. Die Kriterien für die Gerechtigkeit solcher Entscheidungen, also die Kriterien der Zumutbarkeit künftiger Zustimmung, müssen daher von der wirklichen Zustimmung der Betroffenen verschieden sein, oder es gibt gar keine Kriterien der Gerechtigkeit.

Die zweite Lösung des Problems der Zumutbarkeit ist das *konsensuelle Verfahren*. Dabei wird die Frage auf eine abstraktere Ebene verlegt. Angesichts der Unmöglichkeit, in jedem Einzelfall die faktische Zustimmung der Betroffenen zu einer Handlung mitsamt ihren Folgen zu erreichen, werden Verfahren eingeführt, mittels derer die Frage nach der Zumutbarkeit im Einzelfall entschieden wird. Nicht die Einzelentscheidungen selbst, sondern diese Verfahren bedürfen nun der allgemeinen Zustimmung. Im Unterschied zu der anarchistischen Konstruktion kann daher jederzeit ein Konflikt ausbrechen zwischen der allgemeinen Zustimmung zum Verfahren und dem Widerstand eines Betroffenen gegen eine bestimmte, für ihn nachteilige Lösung, die aufgrund des vereinbarten Verfahrens zustande kam. Für diesen Fall muss eine Zwangsgewalt installiert sein, die der auf legitime Weise zustandegekommenen Lösung zur Durchsetzung verhilft. In dieser, der rechtsstaatlichen Konzeption, gilt also als zumutbar, was in einem konsensuellen Verfahren für zumutbar erklärt wurde.

Auch diese Lösung stößt auf Schwierigkeiten, wenngleich nicht auf unüberwindliche. Es sind vor allem die beiden folgenden. Erstens: Der einstimmige Konsens aller bei der Einrichtung von Verfahren – also bei der Verabschiedung einer Verfassung – ist zwar nicht so unmöglich wie der Konsens bezüglich bestimmter Einzelentscheidungen. Er ist aber ebenfalls normalerweise nicht zu erwarten. Eine Diskussion des Für und Wider kann nicht so lange dauern, bis der Letzte überzeugt ist. Es kann nicht für jeden neu Hinzukommenden die Verfassungsdebatte neu eröffnet werden. Zweitens: Es kann nicht ausgeschlossen werden, dass Einzelne ungerecht sind, das heißt solche Verfahren begünstigen, durch die sie aufgrund bestimmter natürlicher oder sozialer Startbedingungen begünstigt werden. Zumindest kann nicht ausgeschlossen werden, dass einzelne sich durch die von der Mehrheit beschlossenen Verfahren benachteiligt fühlen. Damit der rechtsstaatliche Weg, Zumutbarkeit festzustellen, seinerseits für jedermann zumutbar ist, müssen daher bestimmte zusätzliche Bedingungen erfüllt sein:

a) Verfahren und Debatte über die Verfahren müssen institutionell getrennt sein. Die Verabschiedung von Gesetzen kann das Ende von Debatten nicht abwarten, sie darf dieses Ende aber auch nicht dekretieren. Der Grund ist der folgende: Es ist einleuchtend, dass Nichthandeln oft ebenso weitreichende Konsequenzen hat wie Handeln, ja, dass es manchmal schlimmere Folgen hat als falsches Handeln. Es ist ferner einleuchtend, dass Handeln meistens unmöglich wäre, wenn dem abwägenden Für und Wider nicht durch eine Entscheidung ein Ende gesetzt würde. Es ist aber damit nicht gesagt, dass die Entscheidung stets richtig ist. Es gibt keine apriorische Identität von Machthabern und Rechthabern. Gehorsam gegenüber der Entscheidung des legitimen Machthabers, also zum Beispiel auch der Mehrheit, ist also nur zumutbar, wenn es nicht mit der Zumutung verbunden ist, dem Machthaber auch in der Sache recht zu geben. Dass der Machthaber sich bei seiner Entscheidung von dem leiten ließ, was er für das Wohl der Gesamtheit hält, kann aber nur dann unterstellt werden, wenn er sich nicht weigert, in der Sache selbst weitere Belehrung zu erhalten. Daraus folgt: Die Debatte über die Richtigkeit einer Entscheidung muss weitergehen dürfen. Jeder muss das Recht haben, frei über politische Gegenstände zu sprechen, und die fortgesetzte Debatte muss die Möglichkeit haben, die Verfahren zu einem späteren Zeitpunkt zu beeinflussen: Rahmenentscheidungen dürfen nicht irreversibel sein.

b) Das letzte Wort, die Ordnung der Entscheidungsverfahren betreffend, muss bei der Mehrheit des Volkes liegen. Wo aber eine Minderheit die Entscheidung trifft, da muss die Mehrheit die Möglichkeit besitzen, über die Kriterien zu entscheiden, aufgrund derer jemand Mitglied dieser Minderheit ist. Dieses Recht der Mehrheit beruht nicht auf der irrigen Annahme, die Mehrheit hätte immer in der Sache recht. Sie beruht auch nicht auf der Annahme, es gäbe eine natürliche Autorität einer Gruppe von Menschen über eine andere, nur weil die erstere zahlreicher ist. Es beruht vielmehr umgekehrt auf der Abwesenheit von so etwas wie einer höheren Ermächtigung, wie wir sie etwa in bestimmten Institutionen, vor allem in Stiftungen, vor uns haben. Die Legitimität qualitativer Differenzierung kann auf verschiedene Art begründet werden. Solche Begründungen sollten normalerweise nicht voluntaristisch sein, sondern aus inhaltlichen Gesichtspunkten folgen, also aus ihrer »Vernünftigkeit«. Wo diese inhaltliche Begründung allerdings nicht einleuchtet, wo sie bestritten und wo gefragt wird, wer denn die Vernünftigkeit derer garantiere, die eine bestimmte Ordnung für vernünftig halten, da bedarf jede Legitimität letzten Endes der Verankerung in der Zustimmung der Mehrheit. Freilich kann eine Mehrheit nur dann beanspruchen, Repräsentant der Gesamtheit zu sein, wenn die Gesamtheit durch ein hohes Maß an Homogenität gekennzeichnet ist, sodass jeder prinzipiell die Chance hat, seine Meinung als Mehrheitsmeinung zu erleben. Ethnische oder religiöse Konflikte, aber auch fundamentale Gewissensfragen können nicht durch Mehrheitsentscheidungen legitimitätsstiftend gelöst werden.

c) Wem die Ordnung des Verfahrens oder eine bestimmte Entscheidung über Zumutbarkeit als für ihn selbst unzumutbar erscheint, der muss die Möglichkeit haben, sich den Auswirkungen dieser Entscheidungen durch Auswanderung zu entziehen. Der Grund hierfür liegt im Folgenden: Es gehört zwar zum Menschen, in einer politischen Ordnung zu leben; aber jede bestimmte politische Ordnung und alle bestimmten Landesgrenzen bleiben deshalb doch »zufällig«. Der Aufenthalt in einem Land kann nur dann als stillschweigende Loyalitätserklärung interpretiert werden, wenn es jedem freisteht, das Land, auch unter Mitnahme seines Eigentums, zu verlassen. Der Direktion eines Gefängnisses, in das man ohne eigene Schuld geraten ist, schuldet man keine Loyalität.

Aber auch wenn alle diese Bedingungen erfüllt sind, garantiert die Gründung der Entscheidungsprozesse auf konsensuelle Verfahren noch nicht deren Gerechtigkeit, das heißt die Zumutbarkeit für jeden, ihre Ergebnisse zu akzeptieren. Die Nebenwirkungen menschlicher Handlungen können nämlich Menschen betreffen, die an der Statuierung der Verfahren, in welcher über deren Zulässigkeit entschieden wird, prinzipiell nicht mitwirken können, weil sie zu diesem Zeitpunkt unmündig sind oder weil sie noch gar nicht existieren. Ihre Zustimmung muss also antizipiert werden. Dies kann nur geschehen, wenn wir, unabhängig von der wirklichen oder mit Gründen präsumierten Zustimmung zu den Entscheidungen oder Verfahren, über inhaltliche Kriterien verfügen, die die Grenzen des Zumutbaren markieren.

Alle Theorien, die die Rechtsphilosophie aufstellt, gründen auf dem Gedanken einer diskursiven Vermittlung von Interessen; sie finden ihre Grenze *erstens* in dem Umstand, dass wir es in der Gesellschaft auch mit Kindern und mit Geisteskranken zu tun haben, die an diesem Diskurs nicht teilnehmen können. Auch über diese dürfen die Diskursteilnehmer jedoch nicht beliebig disponieren. Warum nicht? Warum dürfen die Menschenrechte nicht an das Vorliegen bestimmter Voraussetzungen geknüpft werden, zum Beispiel daran, dass jemand imstande ist, die Menschenrechte überhaupt zu verstehen und geltend zu machen?

Deshalb nicht, weil jede inhaltliche Definition von Menschen jene bestimmte Zahl von Menschen privilegieren würde, welche die Befugnis hätte, die Definition festzulegen und über das Vorliegen der Merkmale zu entscheiden. Es gäbe gar keine Menschenrechte, wenn es in das Belieben bestimmter Menschen gestellt wäre, darüber zu entscheiden, ob jemand Träger solcher Rechte ist oder nicht. Daher bleibt als Kriterium nur die biologische Zugehörigkeit zur Spezies *Homo sapiens*. Solange Menschen nicht mit Affen gekreuzt werden können, ist die Frage, wer Träger von Menschenrechten ist, so, aber auch nur so zweifelsfrei entscheidbar.

Die *zweite* Grenze der Diskurstheorie der Gerechtigkeit liegt in dem Umstand, dass die Nebenfolgen unserer Handlungen und also auch unserer politischen Entscheidungen Menschen treffen, die zur Zeit unserer Handlungen und Entscheidungen noch gar nicht leben. Die menschliche Gemeinschaft übergreift die Generationen. Aber kein Instinkt begrenzt unsere Handlungsmöglichkeiten auf das Maß, das durch die Lebensbedürfnisse der später Lebenden gesetzt ist. Wir müssen dieses Maß selbst setzen. Wir haben unsere Handlungen vor künftigen Geschlechtern zu verantworten. Andererseits freilich haben wir durch Erziehung, durch »Einstimmung« der folgenden Generation in unsere Wertschätzungen dafür zu sorgen, dass die künftigen Geschlechter imstande sind, in der Vergangenheit, deren Folgen sie zu tragen haben, etwas anderes als bloße Fremdbestimmung zu sehen, nämlich ihre eigene Geschichte. Diese Verantwortung gegenüber den Späteren folgt aus einer elementaren Billigkeitserwägung. Jeder Handelnde kann nur insoweit handeln, als andere zuvor ihm nicht seinen Handlungsspielraum durch exzessive Ausdehnung des ihren genommen haben. Ohne dass sich jede Generation als Glied in einer solidarischen Gemeinschaft der Generationen betrachtet – mit Schuldigkeiten nach hinten und nach vorn –, gibt es gar kein menschliches Leben auf der Erde. Um zu bestimmen, was diese Schuldigkeiten im Einzelnen bedeuten, sind freilich weitere Überlegungen erforderlich.

Das Subjekt der Verantwortung: Ehe wir uns der Frage nach den inhaltlichen Kriterien der Zumutbarkeit für

Betroffene, die selbst nicht zu Wort kommen, zuwenden, haben wir zunächst die Frage nach dem Subjekt der Verantwortung zu stellen. Es scheint, als trage von Natur jeder Handelnde die volle Verantwortung für die Nebenfolgen seiner Handlungen. Eine einfache Überlegung kann uns jedoch darüber belehren, dass das nicht möglich ist, und zwar deshalb nicht, weil es Handeln überhaupt unmöglich machen würde. Müssten wir stets versuchen, uns die unendlich komplexe Gesamtheit der langfristigen Folgen unseres Tuns vor Augen zu halten, ja darüber hinaus sogar die Folgen unserer Unterlassungen, das heißt die mutmaßlichen Folgen aller alternativen Handlungsmöglichkeiten, dann würde die selektive Funktion der Zwecksetzung hinfällig und damit Handeln selbst illusorisch. Darum gehören zu den Voraussetzungen verantwortlichen Handelns Institutionen, die den Bereich der Nebenfolgen genau umschreiben, den das handelnde Individuum zu verantworten hat. Das »Erzeugerprinzip« bedarf der gesetzlichen Festsetzung und Definition. Nur durch eine solche Festsetzung eines beschränkten Bereichs der Verantwortung kann dann auch Unterlassung definiert werden, ohne dass dazu der Vergleich mit allen alternativen Handlungsmöglichkeiten erforderlich wäre. Solche institutionellen Vorgaben sind übrigens nicht nur bezüglich der Nebenfolgen erforderlich, sondern auch bezüglich der Zielsetzungen des Handelns und seiner konkreten Gestalt. Nur wo durch kulturelle »Selbstverständlichkeiten« der größte Teil unseres Handelns vorgezeichnet ist, findet jene Entlastung statt, die es überhaupt möglich macht, innerhalb des gegebenen Rahmens freie Entscheidungen zu treffen oder auch den vorgegebenen Rahmen selbst – nicht generell, aber mit bestimmter begrenzter Zielsetzung – in Frage zu stellen. Sind es vor allem die informellen, kulturellen, sittlichen und religiösen Traditionen, die diese Vorgabe leisten, so ist es vor allem Sache des Staates, die Verantwortung für die Nebenfolgen zu tragen, zu definieren und zu verteilen. Ja, dies ist seine wichtigste Aufgabe überhaupt. Für den Staat gilt nicht, wie für das Individuum, dass das Handeln nur durch partielle Blindheit gegen entferntere Folgen ermöglicht wird. Der Staat hat, im Unterschied zum Individuum, die Pflicht, so weit zu sehen, wie es unter Zuhilfenahme aller in einer bestimmten Epoche zur Verfügung stehenden Mittel möglich ist. Gerade deshalb kann er sich selbst nicht, ohne seine eigentliche Aufgabe zu verfehlen, als Verwirklicher von »Zielen«, von »Programmen« verstehen wollen. Er kann seiner primären Aufgabe, die unerwünschten Nebenfolgen menschlicher Zweckhandlungen zu neutralisieren, nur genügen, wenn er nicht selbst als der größte Realisierer von Zwecken auch die größten und dann von niemandem mehr kontrollierten Nebenfolgen produziert. In Familie, Gemeinde und Staat, nicht im Individuum konkretisiert sich die Pflicht des Menschen, seine Zweckverfolgung so einzuschränken, dass nicht Risiken auf andere, insbesondere aber auf kommende Generationen abgewälzt werden.

II – Gesichtspunkte zur Beurteilung

Die Frage, welche Handlungsfolgen ihrer Natur nach unzumutbar sind, ist deshalb eine Frage der politischen Moral. Angesichts der ökologischen Probleme der Gegenwart, insbesondere der Frage der Nutzung der Kernenergie, sind wir dabei auf elementare Überlegungen angewiesen, denn die ökologische Situation stellt uns vor moralische Fragen, die ohne Beispiel sind. Die »Natur« im Ganzen war von der Antike bis zur Gegenwart nicht Gegenstand menschlichen Handelns, sondern Voraussetzung desselben. Das Handeln hatte sich in der traditionellen Ethik zwar nach der Natur zu richten, aber nicht deshalb, weil die Natur verletzlich wäre, sondern weil ein naturwidriges Handeln sich selbst zum Scheitern verurteilt. Der Mensch kann, das war die Überzeugung der Alten, nicht glücklich werden, wenn er sein Glück gegen die Natur zu erreichen sucht. Bis zum 16. Jahrhundert betrachtete der Mensch sich selbst als Teil der Natur, und zwar als deren Spitze. Die Lehre von der menschlichen Seele gehört für die ältere philosophische Tradition zur »Physik«. Das setzte voraus, dass die Natur ihrerseits nach Analogie menschlichen Lebens und Handelns verstanden wird, Naturprozesse also als zielgerichtete Prozesse. Naturbeherrschung ist deshalb im klassischen Verständnis selbst ein natürliches Verhältnis. Sie ist eine Form von Symbiose. Natur wird von vornherein unter dem praktischen Gesichtspunkt ihrer Nützlichkeit für den Menschen gesehen. Aber diese Perspektive spricht der Natur nicht das Selbstsein ab. Zum Selbstsein der Natur gehört vielmehr ihre Dienlichkeit für Zwecke des höchstens Naturwesens, des Menschen.

Die Natur als Ganze bleibt in diesem Weltverhältnis stets das Umgreifende. Sie kann den zerstören, der sich gegen sie und ihre Ordnung vergeht. Sie selbst bleibt immer dieselbe. Wir haben ihr So-und-nicht-anders-Sein nicht zu verantworten. Von diesem Hintergrund her ist es zu verstehen, wenn zum Beispiel Thomas von Aquin in seiner Handlungstheorie die *libertas specificationis*, die Freiheit, so oder anders zu handeln, unterscheidet von der *libertas exercitii*, der Freiheit zu handeln oder nicht zu handeln. Wir sind heute, von einem totalen Begriff der Praxis her, geneigt, jedes Nichthandeln nur als eine andere Form von Handeln zu verstehen, die wir auf jeden Fall verantworten müssen. So etwa pflegt man zu sagen: Wer nicht wählt, wählt die stärkere Partei. Thomas von Aquin ging davon aus, dass wir zwar einen gewissen begrenzten Bereich pflichtmäßiger Verantwortung haben, innerhalb dessen wir zu handeln verpflichtet sind und innerhalb dessen Nichthandeln schuldhaftes Unterlassen sein kann. Darüber hinaus aber haben wir nicht zu verantworten, dass die Welt ist, wie sie ist. Wo uns ein eindeutig richtiges Handeln nicht möglich ist, da bleibt die Unterlassung des Handelns immer ein legitimer Ausweg, für dessen Konsequenzen wir keine Verantwortung zu tragen haben.

Die Dynamisierung menschlicher Lebensverhältnisse in der Neuzeit hat diesen Gedanken fraglich gemacht.

Mit Bezug auf gesellschaftliche Verhältnisse sind wir heute geneigt, jeden Zustand als einen von uns zu verantwortenden anzusehen; wenn er uns nicht der bestmögliche zu sein scheint, sind wir geneigt, eine Pflicht zu seiner Verbesserung zu unterstellen, was immer wir darunter verstehen mögen. Ob wir uns mit einer solchen generellen Optimierungspflicht nicht übernehmen, möchte ich hier dahingestellt sein lassen.

Die neuzeitliche Denkweise hängt eng zusammen mit der Dynamisierung der Naturbeherrschung. Sie hat gegenüber allen früheren Perioden der Menschheit eine qualitativ neue Dimension erreicht. Entscheidend ist, dass sie nicht mehr einen hierarchischen Aufbau der Natur mit dem Menschen an der Spitze voraussetzt, sondern einen dynamischen Prozess progressiver Unterwerfung der Natur unter den Menschen, dem sich die Natur als Objekt entgegenstellt. Bis vor Kurzem war der Prozess noch dadurch charakterisiert, dass er einerseits zwar Natur fortschreitend menschlichen Zwecksetzungen unterwarf, sie andererseits aber doch noch als unendlich Umgreifendes betrachtete, dessen Regenerationsfähigkeit und dessen Kapazität, menschliche Handlungsfolgen zu neutralisieren, prinzipiell unbegrenzt ist. Herrschaft über die Natur besagte nicht: Verantwortung für die Erhaltung und Reproduktion der Natur, Verantwortung für die Erhaltung der elementaren Randbedingungen der menschlichen Existenz. Archaische Kulturen verhielten sich demgegenüber in diesem Sinne partiell verantwortlich; so etwa, indem sie diejenige Tierrasse, von deren Bejagung sie lebten, vor der Ausrottung schützten. Solche partielle Verantwortung zur Erhaltung der ökonomischen Basis eines Berufszweiges, zum Beispiel der Fischerei, wird bis in die Gegenwart hinein wahrgenommen.

Erstmals aber tritt heute die Interdependenz *aller* ökologischen Systeme ins Bewusstsein. Diese Interdependenz ist von der Art, dass sie zwar von den verschiedensten partiellen Systemperspektiven aus wahrnehmbar ist und so etwas wie den Charakter eines Gesamtsystems hat, dass aber der funktionale Zusammenhang dieses Gesamtsystems, das ja den Menschen mit umgreift, wegen seiner hohen Komplexität nicht vollständig theoretisch fassbar und abbildbar ist. Schon die Anwendung des Systembegriffs wird hier problematisch, weil jedes System eine Umwelt voraussetzt, von der es sich abhebt, während die Natur als Ganze gerade umweltlos ist. Die Unmöglichkeit einer wissenschaftlichen Theorie vom Ganzen der Natur wiederum hat zur Folge, dass Nebenfolgen unserer Handlungen mit Bezug auf die Natur als Ganzes prinzipiell nicht vorhersehbar sind. Die moderne Planungsforschung hat vielmehr gezeigt, dass jeder Versuch, durch Ausweitung planender und geplanter Eingriffe die Nebenfolgen in den Griff zu bekommen, nur neue und noch schwerer zu bewältigende Nebenfolgen erzeugt.

Noch aus einem anderen Grund ist der Gesamtzusammenhang der Natur für uns kein möglicher Gegenstand kontrollierbarer Eingriffe. Das menschliche

Wohlbefinden oder Glück ist nicht in der Weise mit Naturbedingungen verknüpft, dass die Faktoren, durch die es bedingt wird, eindeutig fixierbar wären. Aristoteles sagt, die menschliche Seele sei »in gewisser Weise alles«. Wir können schon keinen Katalog derjenigen Tiere und Pflanzen aufstellen, die für die menschliche Ernährung nützlich sind, denn wir kennen nicht die Möglichkeiten für Ernährung und Heilung, die noch in Lebewesen verborgen sind, welche uns im Augenblick nichts bedeuten. Viel weniger noch lässt sich eine funktional eindeutige Zuordnung von natürlichen Arten und menschlichem Glück herstellen. Warum sind wir denn traurig, wenn wir erfahren, dass irgendwo in der Welt eine Vogelart ausgerottet wurde, die wir wahrscheinlich ohnehin nie zu Gesicht bekommen hätten? Es ist offenbar so, dass das Glück des Menschen gerade mit dem nicht auf ihn bezogenen Reichtum des Wirklichen zusammenhängt. Die Reduktion der Welt auf das, was wir im Augenblick wahrzunehmen und zu genießen vermögen, würde jeden Genuss zerstören, denn zu diesem gehört ein Hintergrund der »Unerschöpflichkeit«. Zu wissen, dass das Wissbare und Sichtbare immer *mehr* ist als das aktual Gewusste und Gesehene, ist eine Bedingung dafür, dass der Mensch in der Welt heimisch sein kann.

Wenn wir jedoch nicht unsere augenblicklichen Bedürfnisse oder die von uns voraussehbaren Bedürfnisse unserer Nachkommen als letzten Maßstab zugrunde legen, verfügen wir über kein Kriterium der Selektion, nach welchem wir »lebenswerte« und »lebensunwerte«

Arten unterscheiden können. Es ist deshalb vernünftig und konsequent, dass die Vereinigten Staaten angesichts der wachsenden Bedrohung des Lebens auf der Erde ein Gesetz verabschiedet haben, wonach es unter keinen Umständen mehr erlaubt ist, eine Tierart zu vernichten. Vor Kurzem wurde es gerichtlich untersagt, einen Staudamm in Tennessee in Betrieb zu nehmen, weil dadurch eine bestimmte kleine Fischspezies, die nur an dieser Stelle existiert, vernichtet worden wäre. Man hat versucht, an diesem Beispiel die Absurdität des Verbots zu erweisen. Das Gegenteil ist richtig. In der Tat haben wir nicht das Recht, unsere augenblicklichen Wertschätzungen, also das, was uns wichtig erscheint, zum Maßstab dafür zu machen, was wir künftigen Generationen als natürliches Erbe hinterlassen. Da wir dieses Erbe nicht vermehren und nicht ergänzen können, können ja unsere Eingriffe in den Bereich des Lebens immer nur auf Herbeiführung eines *status quo minus* hinauslaufen. Darum ist es falsch, bei Entscheidungen dieser Art das Prinzip fallweiser Güterabwägung statt eines generellen Verbots einführen zu wollen.

Immer hat der Mensch die Erde transformiert. »Kultur« heißt Ackerbau, das heißt Symbiose von Natur und menschlicher Arbeit. Aber die Fortdauer der Kultur hängt daran, dass bei dieser Transformation keine irreversiblen Veränderungen des natürlichen Substrats dieser Symbiose vorgenommen werden. Das Leben ist älter als der Mensch. Er kann Leben bis heute nur vernichten, nicht schaffen. Eine der gewaltigsten Leistungen des

Menschen war die Züchtung von Kulturpflanzen und Haustieren. Aber weder wurden durch diese Züchtungen die wilden Stämme zum Verschwinden gebracht, noch geschah die Transformation durch Eingriff in das genetische Substrat. Es handelte sich nur um die geplante Steuerung natürlicher Ausleseprozesse. Allerdings hat auch dieser Eingriff Formen angenommen, die sich nicht mehr verantworten lassen. Wo die Züchtung von Tieren diese nur als Fleischmasse betrachtet und dabei von der Frage nach so etwas wie einem tiergemäßen Leben, nach irgendeiner Art von Wohlbefinden des Tieres völlig absieht, wo die ökologische Nische, in welcher jede Tierart angesiedelt ist, von Anfang an durch das Schlachthaus definiert wird, da ist die Basis eines symbiotischen Umgangs mit dem Lebendigen verlassen. Nicht das Töten von Tieren ist das Problem. Das Problem beginnt dort, wo die Nutzung nach dem Tode den einzigen Gesichtspunkt abgibt für unseren Umgang mit dem Lebendigen.

Bei der Transformation der Erde durch die Kultur werden auch Güter verbraucht, die für spätere Generationen nicht mehr zur Verfügung stehen. Sofern es sich dabei um Güter handelt, deren einziger Wert im möglichen Verbrauch liegt – um Salz zum Beispiel oder um organische Relikte wie Öl, Erdgas usw. –, ist solcher Verbrauch prinzipiell gerechtfertigt. Denn diejenigen, denen wir diese Güter hinterlassen würden, könnten damit auch nichts anderes machen, als sie zu verbrauchen. Es gibt freilich mehrere Gründe, die uns sparsamsten

Verbrauch zur Pflicht machen. Der Übergang zu einem Zeitalter, das ohne diese Güter auskommen muss, kann nur langsam erfolgen, wenn er ohne katastrophale Erschütterungen verlaufen soll; also müssen wir unseren Nachkommen genügende Reserven des sich nicht regenerierenden Kapitals hinterlassen. Es besteht ferner die Wahrscheinlichkeit, dass spätere Generationen von bestimmten Rohstoffen einen qualitativ höheren Gebrauch machen können, dem gegenüber unsere heutige Nutzung Raubbau und Verschleuderung bedeutet. Schließlich darf nicht übersehen werden, dass unsere heutigen Verbrauchsraten (die noch anwachsen) an fossilen Brennstoffen, giftigen Schwermetallen und umweltgefährdenden Mineralien zu irreversiblen Schäden an der Natur des Planeten führen können. Hierzu gehören beispielsweise weiträumige Klimaänderungen und Festlandsüberflutungen, weltweite Strahlenschädigungen, Absterben der Pflanzendecke durch Übersäuerung des Bodens infolge des Chlor- und Schwefelgehalts der Luft usw.

Der Ermessensspielraum, den wir uns in diesem Bereich zubilligen müssen, verschwindet, wo es sich um jenen Bereich der Wirklichkeit handelt, dem wir selbst angehören, den Bereich des Lebendigen. Da wir selbst keine natürlichen Arten neu schaffen können, haben wir die Pflicht, die natürlichen Arten in einer für die Arterhaltung erforderlichen Anzahl von Exemplaren weiterzugeben. Es gibt zwar ein natürliches Aussterben von Arten. Aber die Kapazität des Menschen, dieses Asusterben zu bewirken, ist so unverhältnismäßig und unbegrenzt, dass er nur dann verantwortlich handelt, wenn er sich als bewusster Beschützer der Natur versteht. Das ist die einzig mögliche Konsequenz aus seiner ambivalenten Lage, einerseits aufgrund seiner Instinktungebundenheit und Vernunft »über der Natur« zu stehen, andererseits aber doch natürliches Wesen und mit seiner Existenz an natürliche Voraussetzungen gebunden zu bleiben. Weder ist die Natur bloßes Ausbeutungsobjekt für den Menschen, noch ist der Mensch so Teil der Natur, dass er ungestraft und ohne Schaden für das Ganze seinen natürlichen Expansionsbedürfnissen einfach freien Lauf lassen dürfte. Der biblische Herrschaftsauftrag an die Menschen wird im Bericht der Genesis zunächst dadurch realisiert, dass der Mensch den Tieren Namen gibt. Die Namengebung hat eine doppelte Funktion: Einerseits macht sie das Benannte für den Menschen verfügbar. Andererseits aber unterscheidet sich Benennen vom bloßen Verwerten dadurch, dass das Benannte gerade in seinem Selbstsein bezeichnet wird. Man kann die Hegung der Natur anthropozentrisch verstehen. Der Mensch zerstört, wenn er die Natur zerstört, seine eigene Existenzgrundlage. Insofern geht es, wenn es um die Natur geht, stets um den Menschen. Dennoch, oder besser eben deshalb ist es notwendig, die anthropozentrische Perspektive heute zu verlassen. Denn solange der Mensch die Natur ausschließlich funktional auf seine Bedürfnisse hin interpretiert und seinen Schutz der Natur an diesem Gesichtspunkt ausrichtet, wird er sukzessive in der Zerstörung fortfahren. Er wird das Problem ständig als ein Problem der Güterabwägung behandeln und jeweils von der Natur nur das übriglassen, was bei einer solchen Abwägung im Augenblick noch ungeschoren davonkommt. Bei einer solchen fallweisen Güterabwägung wird der Anteil der Natur ständig verkürzt.

Die Sprache des heutigen Umweltschutzes bleibt noch weitgehend in solchem Funktionalismus befangen: so zum Beispiel, wenn in ihr Natur nur als Träger von »Umweltqualitäten« vorkommt, die ihrerseits einzig durch den Bezug auf menschliche »Bedürfnisse« qualifiziert werden. Die hier vorgetragene Argumentation ist zwar selbst funktionalistisch. Argumente können überhaupt nur funktionalistisch sein.

Die Frage ist nur, was ein rein argumentatives Denken leisten kann und was nicht. Es kann viel leisten. Das Maximum seiner Möglichkeiten hat schon Platon aufgewiesen: Es kann an seine eigene Grenze, das heißt an den Rand von Einsichten führen, die nicht mehr argumentativ, das heißt funktional herleitbar sind. Ein dem Wesen des Menschen gemäßer Funktionalismus kann zeigen, dass eine nichtfunktionale Ethik der dreifachen Ehrfurcht vor dem, was über uns, was unseresgleichen und was unter uns ist, auch unter Nützlichkeitsgesichtspunkten aufs Ganze und auf die Länge gesehen für den Menschen das Beste ist. Freilich hat man eine Ehrfurcht in dieser Weise noch nicht. Sie bedarf anderer als argumentativer Grundlegungen. Aber dass Nützlichkeit und absolute Wertgesichtspunkte letztlich konvergieren, ist selbst Bestandteil eines sich nicht funktional begründenden Schöpfungsglaubens.

Nur wenn der Mensch heute die anthropozentrische Perspektive überschreitet und den Reichtum des Lebendigen als einen Wert an sich zu respektieren lernt, nur in einem wie immer begründeten religiösen Verhältnis zur Natur wird er imstande sein, auf lange Sicht die Basis für eine menschenwürdige Existenz des Menschen zu sichern. Der anthropozentrische Funktionalismus zerstört am Ende den Menschen selbst.

Wieweit eine solche Pflicht gegenüber der Natur um der Natur willen auch die anorganische Materie einschließt, muss hier offenbleiben. Auch hier gibt es so etwas wie ein Selbstsein der Natur, so etwas wie substantielle Einheiten, die sich unter Bindung einer gigantischen Energiemenge in ihrer Identität behaupten. Zur Ausführung dieser naturphilosophischen Perspektive ist jedoch hier nicht der Raum. In unserem Zusammenhang kommt es nur darauf an, dass es eine Pflicht des Menschen gibt, die Welt in einem Zustand zu hinterlassen, in welchem Leben und Freiheit der Nachkommenden nicht auf eine Weise beeinträchtigt werden, von der wir billigerweise nicht erwarten können, dass sie von den Nachkommen selbst als zumutbar akzeptiert wird. Das bedeutet erstens, dass keine irreversiblen Transformationen in relevanten Mengen in der Nähe der Erdoberfläche hinterlassen werden. Die Erde darf den Kommenden nicht als Kunststoffmüllplatz übergeben werden. Die späteren Generationen müssen die Möglichkeit haben, unsere Spuren entweder zu beseitigen oder das, was wir ihnen hinterließen, wiederum zu transformieren in das, was ihnen gut scheint. Wir müssen Substanzen hinterlassen, die weiterhin solche Transformationen möglich machen, und dies ohne Spekulation auf ungeahnte technische Fortschritte. Denn zu diesen können wir unsere Nachkommen nicht verpflichten. Das Zweite aber ist dies: Wir haben nicht das Recht, über die Gefahren hinaus, die der Natur innewohnen – Erdbeben, Vulkanausbrüche, Wirbelstürme usw. –, durch unsere Transformation von Materie zusätzliche Gefahrenquellen in unseren Planeten einzubauen (vgl. auch S. 79). Die natürlichen Lebensmöglichkeiten, die die bewohnbare Welt bietet, sind die notwendige Voraussetzung für die Realisierung von Freiheit und Autonomie, also auch für so etwas wie Recht. Angesichts der Endlichkeit der Welt müssen deshalb diese Lebensmöglichkeiten wie ein Kapital betrachtet werden, von dessen Zinsen wir leben, das wir jedoch selbst nicht angreifen dürfen, ohne eine Pflicht gegen unsere Nachkommen zu verletzen, da ja das Grundkapital prinzipiell nicht wieder aufgefüllt werden kann. Jeder Einbau einer irreversiblen Gefahrenquelle kommt aber einem Angreifen eines Grundkapitals gleich. Natürlich spielt hier immer das Mengenproblem hinein. Unterhalb bestimmter Größenordnungen kann man die Fragen nach ihrer Zulässigkeit vernachlässigen, so wie ja auch Mundraub sich von Diebstahl durch die Geringfügigkeit unterscheidet. Im Unterschied zu archaischen Kulturen haben jedoch die Eingriffe der modernen Technik nicht mehr den Charakter des Mundraubs.

Während die Größenordnung bei der Beurteilung der hier anstehenden Frage eine Rolle spielt, kann es auf den Grad der Wahrscheinlichkeit künftiger Katastrophen nicht ankommen. Wahrscheinlichkeit ist eine subjektive Qualifikation künftiger Ereignisse. Wenn ein Ereignis eintritt, dann ist es gleichgültig, wie wahrscheinlich es zu einem früheren Zeitpunkt war. Die Qualifikation eines Ereignisses als mehr oder weniger wahrscheinlich dient nur als Orientierung beim Eingehen eigener Risiken. Entscheidend dabei ist, dass derjenige, den Gewinn und Verlust betreffen, derselbe ist. Auch eine Gesellschaft kann konsensuell Risiken eingehen, zum Beispiel beim Autoverkehr, solange die vom Risiko Getroffenen prinzipiell dieselben sind wie die, die die Vorteile genießen. Das schließt nicht aus, dass dieses Risiko ungerechtfertigt und unvernünftig ist, wie dies beim heutigen Autoverkehr der Fall ist. Niemals aber kann es erlaubt sein, dass eine bekannte und feststehende Zahl von Menschen sich Vorteile verschafft auf Kosten des Risikos anderer Menschen, die überhaupt nicht gefragt werden. Der Wahrscheinlichkeitskalkül ist hier fehl am Platz. Niemand darf das Leben eines anderen verwetten, nur weil die Wahrscheinlichkeit eines günstigen Wettausgangs sehr hoch ist (siehe S. 8, 73).

Was nun die Gewinnung von Energie durch Kernspaltung betrifft, so ist alles, was ihre Befürworter gegenüber den Warnungen zu erwidern haben, der Hinweis auf die Unwahrscheinlichkeit möglicher Katastrophen. Ebendieses Argument aber zählt nicht. Und es zählt auch nicht der Hinweis auf die ausreichenden Sicherheitsvorkehrungen für den gelagerten radioaktiven Abfall. Die schädigende Potenz bleibt über Jahrtausende erhalten. Wir wissen nicht, ob die wissenschaftlich-technische Zivilisation mit ihrer Kenntnis der Natur dieser Gefahren die nächsten Jahrhunderte überleben wird. Wir wissen nicht, ob unseren Nachfahren an diesen Kenntnissen gelegen ist. Wir wissen nicht, wie lange die staatlichen Einrichtungen existieren, die den Schutz vor Einbrüchen in die Gefahrenzone gewährleisten. Wir haben nicht das Recht, unseren Nachkommen die Erprobung alternativer Formen gemeinschaftlichen Lebens unmöglich zu machen durch den Einbau nichttransformierbarer Sachzwänge. In diesem Zusammenhang ist auch darauf hinzuweisen, dass der prozentuale Anteil derjenigen, die über die theoretischen Voraussetzungen zur Erkenntnis und Bewältigung der genannten Gefahren verfügen, an der Weltbevölkerung ständig sinkt. Eine Wiederholung des zivilisatorischen Niedergangs nach Analogie der Völkerwanderungszeit ist daher nicht ausgeschlossen.

Es wird in diesem Zusammenhang nun darauf hingewiesen, dass ohne diese zusätzliche Energiequelle unser Wirtschaftssystem nicht zu erhalten sei und dass eine Konsumeinschränkung soziale Konflikte erzeugen würde, die vielleicht nicht gebändigt werden könnten.

Das aber heißt doch: Um in den nächsten 30 Jahren nicht unseren Konsum einschränken oder unser Gesellschaftssystem modifizieren zu müssen, unterwerfen wir für Jahrtausende die kommenden Generationen dem Zwang, ihr Gesellschaftssystem so zu gestalten, dass es die von uns geschaffenen neuen Gefahrenquellen unter Kontrolle zu halten vermag. Diese Zumutung kann auf keine Weise gerechtfertigt werden. Der Hinweis auf die tödlichen Gefahren, die sich aus Energieverknappung und daraus resultierenden sozialen Konflikten in nationalem und internationalem Maßstab ergeben und die gegen jene anderen abgewogen werden müssten, ist unberechtigt.

Es gibt eine Tendenz, soziale Systemzwänge zu objektivieren und mit Naturzwängen gleichzusetzen. Eine solche Gleichsetzung provoziert aber geradezu revolutionäre Bestrebungen. Sie ist nämlich gleichbedeutend mit der Behauptung, das soziale System, in dem wir leben, sei nicht ein frei gewähltes und anderen vorgezogenes, daher auch nach Maßgabe von Einsichten modifizierbares, sondern das Ergebnis von naturwüchsigen Zwängen. Wenn das stimmt, entfällt jedes sittliche Argument gegen den Versuch, ein solches System durch eines zu ersetzen, das in Aussicht stellt, Ausdruck objektiver menschlicher Selbstbestimmung zu sein. Spätere Generationen müssten urteilen: Man hat uns neue Naturzwänge hinterlassen, weil man den eigenen Willen, so und nicht anders zu leben, unehrlicherweise für einen Naturzwang ausgegeben hat. Der Freiheitsspielraum muss im Übrigen, wenn er bewusst realisiert wird, bei Verzicht auf atomare Energiegewinnung keineswegs zu einer Aufgabe der rechtsstaatlichen Ordnung führen. Die Leugnung dieses Spielraums geht nämlich im Allgemeinen Hand in Hand mit einer nahezu mythologischen Annahme über eine prästabilierte Harmonie menschlicher Bedürfnisse und bestimmter wissenschaftlicher Entdeckungen. Dass in dem Augenblick, wo die traditionellen Brennstoffe der Welt zur Neige gehen, die Atomspaltung erfunden wurde, ist und bleibt ein kontingentes Faktum. Es muss erlaubt sein, gegenüber solchen nicht innerlich notwendigen Verknüpfungen die Frage zu stellen: Was wäre, wenn man diese Erfindung nicht gemacht hätte? Vermutlich wäre es nicht das Ende der Menschheit oder das Ende der Zivilisation gewesen. Gerade freie Gesellschaftssysteme haben eine ungeheure Kapazität, natürlichen Herausforderungen zu begegnen. Diese Kapazität liegt heute brach, weil der Ausweg der Atomenergie, in dessen Erarbeitung bereits viel investiert wurde, den Druck der Herausforderung und damit auch die Nötigung zu jener intellektuellen Energieentfaltung beseitigt, die erforderlich ist, um langfristig das Energieproblem auf eine die Nachwelt weniger belastende Weise zu lösen. Es ist daher nötig, an die Stelle der weggefallenen Nötigung durch akute Notlage eine Nötigung durch sittliche Verantwortung zu setzen.

Ein Letztes ist noch zu bedenken. Die Legitimität des Staates und die Loyalitätspflicht der Bürger sind nicht unbedingt und unbegrenzt. Im ersten Teil dieser Ausführungen waren einige Minimalbedingungen genannt worden, denen ein Staat genügen muss, um für seine Zumutungen an seine Bürger Gehorsam zu verlangen. Nicht jede Mehrheitsentscheidung erfüllt diese Bedingung. Nur wo die Subjektstellung der Betroffenen durch die Entscheidung nicht negiert wird, kann auch der Gehorsam der Dissentierenden verlangt werden. Wo irgendjemandes Subjektstellung negiert wird, da steht es jedem frei, diesem Betroffenen und aus der Loyalitätspflicht Entlassenen beizustehen und seinerseits die Loyalität aufzukündigen. Wo Juden von Staats wegen zum Mord freigegeben werden, da sind nicht nur Juden ihrer Loyalitätspflicht ledig, sondern jedermann, der diesen beizustehen wünscht. Für diejenigen, die in der industriellen Nutzung der Kernspaltung einen Angriff auf die Integrität des menschlichen Lebens sehen, stellt sich daher die Loyalitätsfrage. Es kann niemandem zugemutet werden, Mehrheitsentscheidungen zu akzeptieren, wo diese seiner Überzeugung nach Tod oder schwere gesundheitliche Schädigung seiner Kinder bedeuten.

Nun gibt es freilich auch unsinnige Überzeugungen. Der Staat muss über solche hinweggehen und denjenigen, der unter Berufung auf sie gegen die Gesetze handelt, bestrafen. Von solchen unsinnigen Überzeugungen kann jedoch hier nicht die Rede sein. Was die Gefährdung durch die Kernenergie betrifft, so ist die Diskussion unter denen, die der Argumentation fähig sind, noch nicht zu Ende. Zwar müssen politische Entscheidungen immer getroffen werden, ehe die diesbezügliche

Debatte durch Konsens ihr Ende gefunden hat. Und in einem gewissen Sinne gilt natürlich auch, dass jede Entscheidung irreversibel ist, das heißt, dass später nicht genau an den Ausgangspunkt des Weges, der auf diese Entscheidung folgte, zurückgegangen werden kann. Dennoch gibt es hier einen schwerwiegenden Unterschied. Im ersten Teil dieser Ausführungen war gesagt worden, dass die Zumutbarkeit, Entscheidungsergebnisse zu akzeptieren, daran hängt, dass die Debatte über deren Richtigkeit weitergehen kann. Und diese Debatte muss zu einem späteren Zeitpunkt auch zu einer Revision führen können. Die Revision kann – wie gesagt – nicht darin bestehen, an den Ausgangspunkt zurückzukehren. Aber an jeder Wegstelle gibt es neue mögliche Gabelungen. Eine Richtung kann verlassen und eine andere eingeschlagen werden. Die früheren Entscheidungen sind stets nur der Ausgangspunkt, von dem aus wir weitere freie Entscheidungen treffen können, Entscheidungen, die sogar den Intentionen der früheren entgegengesetzt sein können. All das ist in diesem Fall nicht gegeben. Die Entfesselung radioaktiver Strahlung schafft einen Umstand, der durch keinerlei spätere Entscheidung ungeschehen gemacht werden kann. Die kommenden Generationen haben das Faktum als ein unveränderbares und als solches unfruchtbares Datum in ihr Leben aufzunehmen. Wer sich mit diesen künftigen Generationen in einer geschichtlichen Solidarität weiß, kann daher einen solchen Mehrheitsentscheid nicht einfach akzeptieren, weil er ihn als Überschreitung der Kompetenz einer

Mehrheit betrachten muss, die doch gegenüber den Betroffenen stets in der Minderheit bleibt. Wo es sich aber um einen Fall handelt, bei welchem Dissens Aufkündigung der Loyalität zur Folge haben kann und wo zur dissentierenden Minderheit sachkundige Fachleute gehören, da hat der Staat den Legitimitätsverlust selbst zu verantworten, wenn er das Ende der Debatte unter den Sachkundigen nicht abwartet, sondern vorschnell vollendete Tatsachen schafft.

Der sachkundige Laie bildet sich sein Urteil, indem er die Argumente der Fachleute anhört und abwägt. Dabei muss er heute angesichts des Ausmaßes und der Irreversibilität der Schäden eine neue Beweislastverteilung fordern. Nicht die Schädlichkeit, sondern die Unschädlichkeit muss glaubhaft gemacht werden. Wann ist sie glaubhaft gemacht? Für den Laien dann, wenn praktisch alle Fachleute sich haben überzeugen lassen. Der Laie hat das Recht, der Überzeugungskraft eines Arguments so lange zu misstrauen, wie eine durch Qualifikation oder Zahl nennenswerte Minderheit von Fachleuten durch das Argument nicht überzeugt wurde. In den theologischen Moraldiskussionen des 17. Jahrhunderts lehrte die Schule des sogenannten Tutiorismus, eine Handlung sei dann stets unerlaubt, wenn ein gewichtiges und unwiderlegtes Argument gegen ihre Erlaubtheit spräche. Die Schule des Probabilismus hingegen erklärt jede Handlungsweise für subjektiv sittlich gerechtfertigt, die durch einen anerkannten Autor der Moraltheologie gebilligt werde, sogar dann, wenn der Handelnde die

Überzeugung dieses Autors selbst nicht teile. Pascal hat diese Auffassung zu Recht mit beißender Ironie erledigt. Hinter ihr stand eine neuzeitliche Interpretation der alten Juristenregel: *In pari causa vel delictu potior est conditio possidentis.* (»Bei gleicher Rechtslage in einem Streitfall ist die Situation dessen, der sich im Besitz einer Sache befindet, derjenigen dessen überlegen, der den Besitz beansprucht.«) Die neuzeitliche Interpretation bestand darin, dass der Mensch als *possidens* in bezug auf seine Willkürfreiheit gedacht wird. Wer daher diese Freiheit einzuschränken beansprucht, hat die Beweislast. Und der Beweis kann erst als zwingend gelten, wenn kein Sachkundiger mehr widerspricht.

Wir sind uns heute bewusst geworden, dass es einen Besitz gibt, der jenem der Freiheit vorausliegt: die Integrität jener Natur, in deren ökologischer Nische Leben und Freiheit selbst angesiedelt sind. Damit aber kehren sich Präsumption und Beweislast erneut um. Die Begründungspflicht trägt wiederum der, der diesen Besitz antasten will. Der Beweis für die Notwendigkeit und die Harmlosigkeit des Eingriffs aber kann erst dann als erbracht gelten, wenn kein Sachverständiger mehr widerspricht. Die probabilistische Argumentationsfigur führt also in dieser unvermeidlichen Umkehrung notwendigerweise zu einem neuen Tutiorismus, der plausibler ist als der alte. Angesichts der Anforderungen, die wir an einen solchen Beweis zu stellen verpflichtet sind, kann ein solcher zur Zeit nicht als erbracht gelten. Das ist das Mindeste, was jeder wird zugeben müssen. Daher ist die

Inbetriebnahme von Kernkraftwerken zur Zeit ethisch nicht gerechtfertigt. Und da der Staat das Subjekt der Verantwortung für die langfristigen Nebenfolgen menschlicher Handlungen ist, muss er die Inbetriebnahme verhindern.

Oder aber er muss – so füge ich nach über 30 Jahren wieder hinzu – ihre baldestmögliche Abschaltung veranlassen.

2. Ethische Aspekte der Energiepolitik (1980)*

Die Frage nach den Formen der Energiebeschaffung in unserem Land, in Europa und in der Welt kann unter vielerlei Aspekten erörtert werden und wird es ja auch: unter dem Aspekt der langfristigen Ertragsaussichten der in der Energieversorgung tätigen Unternehmen; unter dem Aspekt der Existenzsicherung der Menschen auf einem bestimmten Niveau oberhalb des Existenzminimums; unter dem Aspekt der Effizienz, d.h. des Vergleichs der direkten und indirekten Kosten; unter dem Aspekt der Erhaltung und Verbesserung der Handlungsspielräume der Menschen; unter dem Aspekt der Betriebssicherheit, der Gefährdungssicherheit, der Stabilität der politischen Ordnung sowie der außenpolitischen Sicherheit; ferner unter dem Gesichtspunkt der Umweltfreundlichkeit, unter dem der Innovationsoffenheit, unter dem der internationalen Verteilungsgerechtigkeit.

Unter all den genannten Aspekten kam kein besonderer »moralischer« und »ethischer« Aspekt vor. Er durfte auch nicht vorkommen, denn dann hätte man die ande-

---

* Erschienen in: Wolfgang Heintzeler, Hermann-Josef Werhahn (Hrsg.): Energie und Gewissen. Stuttgart 1981.

ren gar nicht mehr zu nennen brauchen. Die Eigentümlichkeit des ethischen Aspekts ist es nämlich, dass er gar keine konkurrierenden Gesichtspunkte duldet. Wenn jemand sagen würde: »Die Handlung x zu begehen ist zwar unmoralisch, aber in diesem Falle gibt es doch übergeordnete Gesichtspunkte, die es erforderlich machen und daher rechtfertigen, x zu tun«, dann wüsste er gar nicht, was die Worte »moralisch« und »unmoralisch« bedeuten. Sie sind gleichbedeutend mit »gerechtfertigt« und »ungerechtfertigt«. Jemand, der einen Betrug, der ihm eine Million einbringt, aus moralischen Gründen ablehnt, bei 100 Mio. aber findet, dass hier der moralische Aspekt vielleicht zurücktreten müsse, hatte auch bei der ersten Zurückweisung gar nicht wirklich einen moralischen Grund. Denn einen moralischen Aspekt berücksichtigen heißt, ihm den ausschlaggebenden Rang einräumen. Es unterscheidet diesen Gesichtspunkt von allen anderen, dass man ihn überhaupt ganz aus dem Auge verliert, wenn man ihn an den zweiten Platz setzt. Die Bedeutung der Worte »gut« und »böse« schließt es aus, dass es aus irgendeinem Grunde vielleicht doch gut sein könnte, das Böse zu tun.

Nun tun wir tagaus, tagein Böses. Schlimmer noch: Wir gestehen es uns nicht ein, sondern erfinden allerlei Theorien, die beweisen sollen, dass wir in Wirklichkeit gut handeln. Oder, was auf dasselbe hinausläuft: Wir tun das Böse mit einem gewissen tragischen Pathos. Wir geben es als besonders heroischen Akt der Verantwortung aus, dass wir bereit sind, »Schuld auf uns zu laden«.

Das kann man von Politikern manchmal hören. Das ist natürlich eine Wortverdrehung. Entweder wir taten, was wir, nach richtiger Abwägung aller Gesichtspunkte, tun mussten, und dann haben wir gerade keine Schuld auf uns geladen; oder aber wir haben eben nicht die richtige Rangordnung der Güter berücksichtigt, und dann war unser Schuldigwerden weder verantwortlich noch heroisch. Jedenfalls ist dies die christliche Sicht der Dinge. Denn Christen glauben nicht an verschiedene Götter, deren einen man beleidigt, indem man den anderen erfreut. Christen glauben auch nicht an das philosophische Pendant des Götterhimmels, ein anonymes Reich von Werten, dem gegenüber tragische Konflikte unvermeidlich sind. Christen glauben an den einen Gott, der jedenfalls nicht weniger einsichtig und vernünftig ist als wir selbst und dem gegenüber sich niemand schuldig macht, wenn er in seinem Handeln die Güter nach bester Einsicht und Vernunft gewichtet. Schuldig macht er sich, wenn er das nicht tut. Allerdings lehrt das Christentum, dass wir äußerst geneigt sind, gerade das immer wieder nicht zu tun, und aus diesem ganz und gar nicht heroisch-tragischen Grund immer wieder schuldig werden, ohne dass wir dafür irgendeine Entschuldigung haben oder darin irgendeine tragische Größe gewinnen. Was wir dann brauchen, ist schlicht und einfach Vergebung. Diese wird jedem, aber auch nur – nach christlicher Überzeugung – dem zuteil, der zur Umkehr bereit ist. »Ich will dich nicht verurteilen«, sagt Christus zu der Ehebrecherin, »geh und sündige von jetzt an nicht mehr.«

Der Ideologieverdacht der Christen

Wo Menschen gemeinsamer Interessenrichtung, Menschen desselben Berufs, derselben Landsmannschaft oder was immer sich zusammenfinden, die außer dieser Gemeinsamkeit auch noch die andere haben, Christen zu sein oder sein zu wollen, da stehen sie unter diesem Anspruch der Umkehr. Das heißt, wenn sie sich als Christen bekennen, erklären sie sich bereit, ihre Vormeinungen, Interessen, Perspektiven, Vorlieben prinzipiell zur Disposition zu stellen und dem Gesichtspunkt des Guten, dem ethischen Gesichtspunkt unterzuordnen. Außerdem wissen sie, falls sie noch den Katechismus gelernt haben, von der durch die Erbsünde bedingten Trübung des menschlichen Verstandes und den Schwächen des menschlichen Willens. Deshalb haben sie einen Ideologieverdacht vor allem gegen sich selbst; sie sind misstrauisch gegen sich selbst, vor allem dann, wenn ihr Weltbild ihnen eine allzu gefällige Harmonie zwischen dem bereithält, was sie für gut halten, und dem, was für sie selbst nützlich, interessant, stimulierend und befriedigend ist. Letzten Endes dürfen wir zwar davon ausgehen, dass das für alle Gute auch das für alle Nützliche sein wird. Aber wenn man den Satz umkehrt, führt er in die Irre. Angesichts des vielfältigen Widerstreits von Meinungen und Interessen trifft die Redensart, dass, was dem einen seine Eule, dem anderen seine Nachtigall sei, eine offensichtliche Tatsache. Die christlichen Versuche, über den eigenen Schatten zu springen, das

Eulenartige der eigenen Nachtigall ernsthaft in Betracht zu ziehen, diese Versuche machen Christen innerhalb jeder Interessengemeinschaft einerseits zu besonders objektiven und weitblickenden, andererseits zu besonders unzuverlässigen Interessenvertretern, weil sie notfalls bereit sind, das Gruppeninteresse, mindestens so, wie die Mehrheit der Gruppe es versteht, neugewonnenen sittlichen Einsichten zu opfern. »Suchet zuerst das Reich Gottes und seine Gerechtigkeit; alles andere wird euch dazugegeben werden«, so heißt es im Evangelium, und wer diesem Wort wirklich glaubt und darauf setzt, gewinnt für sein Leben eine Orientierung von großer Sicherheit. Von außen betrachtet aber wird er unter Umständen als ein etwas windiger Störenfried stillschweigender Einverständnisse erscheinen. Denn für ihn ist der moralische Aspekt einer Handlung der, der im Zweifelsfalle alle anderen Aspekte verdrängt.

Das Spezifikum des Moralischen

Nun aber: Was ist denn eigentlich der moralische Aspekt eines Problems und gar eines so komplexen wie des Problems der Energieversorgung? Was fügt er eigentlich dem am Anfang genannten Aspekt hinzu? Meine Antwort lautet: Er fügt ihm gar nichts hinzu. Das Moralische ist überhaupt nicht ein Aspekt neben anderen, sondern eine bestimmte Weise, diese verschiedenen Aspekte einer Sache zur Kenntnis zu nehmen, sie zu ordnen und sie für die Praxis wirksam werden zu lassen. Sittliches

Verhalten ist nichts anderes als sachgerechtes Verhalten, aber sachgerechtes Verhalten in einem umfassenden Sinne des Wortes. Sachgemäß kann man ja auch eine *lege artis* durchgeführte Abtreibung nennen. Sie ist es aber nicht, weil hier der Zweck selbst nicht der ganzen Sache gerecht würde, nämlich nicht dem Kind. Sachgemäß mag ein Einbruch durchgeführt werden. Aber die Aneignung einer Sache ist gerade nicht sachgerecht in einem umfassenden Sinne, wenn diese Sache bereits die Eigenschaft hat, das Eigentum eines anderen zu sein. Dieser Aspekt der Sache wird dann nämlich gerade vernachlässigt. Sachgemäß kann sich jemand einen Schuss Heroin verpassen. Aber er geht dabei gerade nicht sachgerecht mit sich selbst um. Zugunsten des Aspekts kurzfristiger Euphorie ignoriert er die Gesamtheit der Aspekte, die zu einem sinnvollen Leben führen, zu einer menschenwürdigen Entfaltung der eigenen Natur gehören. Sittliches Verhalten ist also dasjenige Verhalten, das die Gesamtheit der Aspekte einer Sache nach dem ihnen eigenen Gewicht im Handeln zur Geltung kommen lässt.

Damit dies nun geschieht, müssen mindestens drei Voraussetzungen erfüllt sein:

1. Der sittlich Handelnde muss überhaupt handeln können, d.h., er muss über ein hinreichendes Maß an Selbstbeherrschung, an Kontinuität des Wollens verfügen, ohne dass damit schon über die Richtung seines Wollens entschieden ist. Jemand, der überhaupt nicht

kontinuierlich wollen kann, kann weder ein großes Verbrechen noch irgendetwas Sittliches tun, er kann überhaupt nicht konsistent handeln.

2. Der sittlich Handelnde muss ein Unterscheidungsvermögen besitzen für Wertqualität und Wertrangordnung. Wer gar kein Organ hat für die Schönheit einer Landschaft oder den Wert, der im Reichtum natürlicher Arten liegt, der wird keine Zumutung darin sehen, diesen Reichtum zu dezimieren. Wer den Wert der Freundschaft nie erfahren hat, wird nie verstehen, was man einem Freund schuldig ist. Und wer sich eine personale Liebesbeziehung gar nicht vorstellen kann, der wird Einwände gegen sexuelle Promiskuität überhaupt nicht verstehen. Nun hat an sich jeder Mensch potentiell ein Gefühl für Wertrangordnungen. Es ist, ebenso wie bei der Selbstbeherrschung, Sache der Erziehung, dieses Gefühl durch Stiftung von entsprechenden Erfahrungsmöglichkeiten zu entwickeln.

3. Die schwere Störung dieses Gefühls, auch bei normal entwickelten und sensiblen Menschen, hat eine sehr einfache Ursache: die mangelnde Bereitschaft oder Fähigkeit, von unseren eigenen partikularen und augenblicklichen Interessen abzusehen und unsere eigenen Handlungen so zu beurteilen, als seien es die Handlungen anderer, von denen wir betroffen sind. Deshalb ist die dritte und die im engeren Sinne moralische Voraussetzung sittlichen Verhaltens diese Bereitschaft. Die For-

derung »Liebe deinen Nächsten wie dich selbst« bedeutet, die Maßstäbe unseres Handelns unabhängig davon zu beurteilen, ob ich der Betroffene bin oder ein anderer, oder ob ich der Handelnde bin oder ein anderer. Andernfalls verzerrt sich nämlich die Perspektive: Das, was für uns selbst im Augenblick dringlicher oder nützlicher oder befriedigender ist, scheint uns dann überhaupt wertvoller oder besser oder nützlicher zu sein, als es bei einem unparteiischen Betrachten wäre.

Eine Handlung unter ethischem Aspekt betrachten heißt also
– ihre Aspekte nach ihrem objektiven Gewicht werten, und
– bei dieser Wertung davon absehen, wer Nutznießer, wer Betroffener, wer Leidtragender der Handlung ist.

Moralisch gerechtfertigt ist eine Handlung nur dann, wenn der Handelnde ihr auch dann zustimmen würde, wenn er der Betroffene wäre. Aber, so können wir fragen, woher weiß denn der Handelnde, dass er, wenn er der Betroffene wäre, zustimmen würde? Vielleicht redet er es sich nur ein? Vielleicht fehlt ihm einfach die Phantasie, sich selbst in die Lage des anderen zu versetzen? Vielleicht hat er sich eine Ideologie zurechtgelegt, die es ihm möglich macht, genau das für zumutbar zu halten, was er gern anderen zumuten will? Vielleicht würde er sogar die Zumutung als Betroffener wirklich akzeptieren, aber nur, weil er ein anderer Mensch ist und weil diese Zumutung für ihn nicht eine ebenso große Zumutung wäre wie für den anderen? Die Sache wird also noch etwas komplizierter. Zur moralischen Rechtfertigung einer Zumutung gehört es daher nicht, dass ich die Zumutung selbst für zumutbar halte. Nun, gehört denn dazu, dass jeder Betroffene sie für zumutbar halten muss? Das kann ja auch nicht gut sein, denn das würde ja ein unbegrenztes Veto jedes von irgendeiner Handlung Betroffenen gegen die Folgen dieser Handlung bedeuten. Auch Betroffene können ungerecht sein und nicht nur der Handelnde. Deshalb bedeutet nicht jede Bürgerinitiative von Betroffenen schon allein durch ihr Auftreten, dass sie recht hat, denn auch von der Unterlassung der umstrittenen Maßnahmen wird jemand betroffen sein. Die Forderung, alle Betroffenen müssten zustimmen, um eine Handlung moralisch erlaubt zu machen, würde jedem ein Vetorecht einräumen und den totalen Immobilismus herbeiführen. Dieser aber wäre wiederum für die meisten unzumutbar.

Also ist weder der Handelnde der letzte Richter über die Zumutbarkeit noch der Betroffene.

Was also folgt aus der Unmöglichkeit, den Handelnden oder den Betroffenen allein zum Richter über die Zumutbarkeit zu machen? Es folgt die Notwendigkeit einer fairen öffentlichen Diskussion über Rang und Dringlichkeit der auf dem Spiel stehenden Güter, Werte und Interessen sowie über Größe und Wahrscheinlichkeit der Risiken für diese Güter, Werte und Interessen. Obwohl am Ende einer solchen Diskussion eine Entscheidung stehen muss, so muss doch die Grundlage für eine solche Entscheidung dadurch erarbeitet werden, dass die relevanten Gesichtspunkte nach ihrem ganzen Gewicht von denen, die sie jeweils vertreten, zur Geltung gebracht und gegeneinander abgewogen wurden. Natürlich gibt es in einer solchen Diskussion Parteien mit gewissen vorgefassten Meinungen. Jede Diskussion beginnt mit vorgefassten Meinungen. Das ist nicht diskriminierend. Die relevanten Gesichtspunkte können überhaupt nur dann zur Geltung kommen, wenn einzelne Individuen und Gruppen sich in gewissem Maße parteiisch verhalten, d.h., wenn sie ihre Zeit, Energie und Phantasie auf die Ausarbeitung bestimmter Lösungen eines Problems richten und dabei diese Lösungen allmählich für die besten oder allein vertretbaren halten. Auch in der Wissenschaft geht es ja nicht so zu, dass Wissenschaftler völlig neutral auf die Widerlegung ihrer Theorien warten, wie das eine bestimmte Wissenschaftstheorie glaubt. Die Wissenschaftler verteidigen ihre Theorien, sie stützen sie unter Umständen durch gewagte Zusatzannahmen, spüren die Schwächen der gegnerischen Theorie auf. Das alles ist an sich nicht unmoralisch, es dient letzten Endes der Wahrheitsfindung. Das Unmoralische beginnt dort, wo jemand versucht, die gegnerische Theorie in ihren Chancen des Bekanntwerdens zu behindern, die Chance ihrer vollen Diskussion durch wissenschaftsexterne Begünstigungen und Benachteiligungen einzuschränken.

Die Moral in der Energiepolitik

Hier bin ich nun bei einigen Schlussfolgerungen, die mir für die gegenwärtige Behandlung des Problems der Energieversorgung unter einem ethischen Aspekt wichtig zu sein scheinen. Es stehen sich hier im wesentlichen zwei Parteien gegenüber: Die einen behaupten erstens, die Welt im Ganzen und die Industrieländer im Besonderen könnten in den nächsten Jahrzehnten nur menschenwürdig überleben, wenn das Aufkommen an Primärenergie gesteigert werde. Sie behaupten zweitens, dass der erforderliche Energiebedarf trotz aller Sparmaßnahmen und aller zu entwickelnden sogenannten mittleren Techniken nur gedeckt werden könne mit Hilfe von zentralen Großanlagen, die auf der Nutzung der Kernenergie beruhen. Die andere Partei bestreitet dies und glaubt umgekehrt, dass dieser Weg eine menschenwürdige Zukunft gerade behindere. Die Zweiteilung ist übrigens nicht vollständig. Auf der Seite der Befürworter der Kernenergienutzung gibt es Differenzen hinsichtlich der Risikobeurteilung der Brüter. Es gibt die Gruppe derer, die die Hochtemperaturreaktoren begünstigen, da sie weniger umweltbelastend sind und im Übrigen auch militärisch kaum nutzbar. Das Letztere bringt sie möglicherweise in einen Exportnachteil, den die Befürworter jedoch offensichtlich in Kauf zu nehmen bereit sind – aus Gründen, die vielleicht moralisch genannt werden können.

Die entscheidende Diskussion findet jedoch immer noch um die großen Alternativen statt. Und da ist nun, wie mir scheint, ein ethisches Defizit heute offenkundig. Wenn hier wirklich »das christliche Gewissen vor einer Lebensfrage« steht, d.h., wenn es sich um eine Frage handelt, die nicht bereits konsensuell beantwortet ist, sondern die noch eine Frage ist, dann müssen Christen daran erkennbar sein, ob sie die Diskussion anders als andere zu führen bereit sind, nämlich indem sie den Argumenten der jeweiligen Gegenseite faire Chancen einräumen und darüber hinaus bereit sind, bisher gewonnene Ansichten zugunsten besserer Argumente zur Disposition zu stellen. Es gibt hier viele psychologische Barrieren. Aber gerade weil der Christ seinen Glauben nicht zur Disposition stellt, gewinnt er die Freiheit, alles andere zur Disposition zu stellen und alle anderen Unbedingtheiten zu relativieren.

Wir haben es in der heutigen Energiedebatte mit einer verzerrten Situation zu tun. Auf der einen Seite steht eine engagierte Minderheit von Bürgern, darunter zahlreiche Naturwissenschaftler, Biologen, Physiker, die den Weg der Kernenergienutzung für falsch halten. Sie bestreiten die Unvermeidlichkeit der Energielücke. Sie verweisen darauf, dass der Pro-Kopf-Energieverbrauch der Amerikaner sich zwischen 1850 und 1970 nur verdoppelt hat und dass die gewaltigen Steigerungen des Komforts in erster Linie durch bessere Ausnutzung der Primärenergie ermöglicht wurde. Von 1961 bis 1973 fand auf diesem Gebiet überhaupt kein Fortschritt mehr statt, weil die Energie zu billig geworden war. Unter diesen gibt es eine Gruppe, die behauptet, dass sogar ohne jede Konsumeinschränkung eine Energielücke nicht entstehen werde. Sie verweist auf den Bevölkerungsrückgang, auf die Unvermeidlichkeit eines Nullwachstums in absehbarer Zeit, sie verweist auf die Unverantwortlichkeit der Wachstumsziele der Bundesregierung, die die Möglichkeit verbaue, in den nächsten Jahrzehnten allmählich und ohne Bruch zu einem gemäßigteren Wachstumstempo überzuleiten; denn fast alle Menschen sind sich heute darüber einig, dass irgendwann in einer nicht allzu fernen Zukunft die Wachstumsgrenze erreicht sein werde. Das Problem ist nur, so wird argumentiert, ob wir diesen Zeitraum hinausschieben und dann plötzlich eine katastrophale Vollbremswirkung unseren Nachkommen hinterlassen oder ob wir schon jetzt diese Entwicklung allmählich einleiten. Man verweist auf die Unmöglichkeit, bessere Abwärmenutzung anders als durch siedlungsnahe Blockheizkraftwerke zu gewährleisten; auf Beispiele wird verwiesen, wo das Kilowatt elektrischer Leistung zu einem Drittel der heutigen Stromkosten eines Kernkraftwerks geliefert wird. Man verweist auf die Ungelöstheit des Abfallproblems und auch auf die Unverantwortlichkeit, kommende Generationen mit dem Problem nicht-transformierbarer Sachzwänge zu belasten und ihren Freiheitsspielraum einzuengen. Man verweist darauf, dass die auf Großtechnik gegründeten zentralen Versorgungseinheiten die Offenheit unserer Zukunft blockieren, dass sie praktisch den kommenden Generationen die Möglichkeit der Entwicklung eigener Alternativen erschweren und den Marsch in Planwirtschaft und Sozialismus begünstigen. Ein Zitat aus dem Buch von Krause, Bossel und Müller-Reißmann, »Energiewende«, das 1980 erschienen ist: »Die Länge der Planungszeiträume und die Höhe der auf dem Spiel stehenden Investitionen machen diese Giganten im Prinzip innovationsfeindlich.«

Warum, so wird argumentiert, nicht eine freie Marktwirtschaft auch auf dem Energiesektor einführen? Warum nicht die Eigenverantwortung für energiesparende Maßnahmen fördern, warum nicht die Stromleitungen wie die Straßen für Energielieferanten zum Marktpreis öffnen usw.?

Ich habe nur einige wenige Gesichtspunkte genannt, die zur Zeit vorgetragen werden. Dem entgegen steht der Einwand, dass alle alternativen Möglichkeiten der Energiegewinnung und vor allem der Energienutzung und Einsparung nicht erprobt sind, dass sie vermutlich die Lücke nicht schließen würden, dass sie die Dritte Welt nicht berücksichtigen, dass sie die Arbeitsplatzsituation und den sozialen Frieden gefährden. Die Antwort von Krause, Bossel und Müller-Reißmann[1], den Befürwortern des »sanften Weges«: »Es ist etwas anderes, ob man sich *unter anderem* mit der rationellen Energienutzung befasst, weiterhin aber die meisten Bemühungen auf neue Techniken für ein erweitertes Energieangebot richtet, oder ob man die Anstrengungen *vor allem* auf die bessere Energienutzung konzentriert. Im Augenblick ist noch so viel an Kapital, Forschungskapazität, wissenschaftlicher Kreativität, industriellen Anstrengungen, politischer Durchsetzung, Lernfähigkeit der Bürger auf harte Techniken wie Kernenergie und Kohleverflüssigung konzentriert, dass der Rest für die Verwirklichung alternativer Möglichkeiten tatsächlich nicht reicht. Würde es bei diesem Zustand bleiben, so könnte die Kernenergie tatsächlich unverzichtbar werden; die Prophezeiung würde sich selbst erfüllen. Und jede Politik des ›Vorhaltens‹ durch Ausweitung des Energieangebots schafft weitere Sachzwänge in der Richtung des harten Weges, indem sie der rationellen Energienutzung die Begründung und die Mittel entzieht.«

Ethische Schlussfolgerungen für die Energiepolitik

Das Mindeste, was ich heute sagen möchte, ist: Die Diskussion ist offen. Es sind bei Weitem noch nicht alle Argumente sorgfältig gegeneinander durchgesprochen und abgewogen worden. Immerhin ist die Diskussion an einem Punkt, an dem Carl Friedrich von Weizsäcker erklärte, dass das Ausmaß der Einsparungsmöglichkeiten durch »sanfte Techniken« doch weit größer sei, als er es selbst bis vor Kurzem eingeschätzt habe. Daraus folgt zweierlei:

Es folgt, dass vor einer endgültigen Option über den Weg der Energieversorgung der wissenschaftlich-technische Wettbewerbsvorteil der Vertreter des harten Weges der Großtechnik ausgeglichen werden muss. Alternative Technikforschung muss mit gleichem finanziellen und personellen Aufwand einige Jahre gefördert werden, um überhaupt die Entwürfe der »mittleren Technologie« mit den bereits ausgearbeiteten technisch und wirtschaftlich vergleichbar zu machen. Die Forderung eines Moratoriums scheint natürlich demjenigen, der von der Richtigkeit des atomaren Weges überzeugt ist, als eine nicht gerechtfertigte Konzession an die Minderheit. (Übrigens bei uns eine Minderheit, in Österreich Mehrheit: Nur durch Plebiszit hat der sozialistische Bundeskanzler Bruno Kreisky im Jahr 1978 es verhindern können, dass seine Regierung in Wahlen über diese Frage gestürzt wurde.) Aber diese Konzession an die Minderheit muss – wie mir scheint – einem christlichen Gewissen zugemutet werden. Denn wenn schon das Gewicht der Argumente nicht überzeugt, die zugunsten eines solchen Moratoriums sprechen, dann müsste doch das Gewicht überzeugen, das diese Argumente für diejenigen mit der gegenteiligen Überzeugung haben. (Ich sehe dabei ab von den Kommunisten, die selbst von der Erforderlichkeit der Atomenergie überzeugt sind, da sie hervorragend in ihr System passt und sie vorübergehend die Bundesrepublik schädigen wollen.) Für einen Teil der übrigen Gegner handelt es sich um ein Problem, bei dem sich ähnlich wie bei der Abtreibung die Frage der Loyalität gegenüber dem Staat stellt. Denn wer der Meinung ist, durch die hier drohenden Entscheidungen werde eine Hypothek aufgebürdet, die das Risiko für menschliches Leben auf diesem Planeten über die Risiken hinaus, die schon von der Natur eingebaut sind, vergrößert;

oder wer der Meinung ist, dass die politische Gestaltungs- und Handlungsfreiheit künftiger Generationen auf unzumutbare Weise eingeschränkt wird, wie z.B. der Freiburger Politologe Hennis, für den überzieht der Staat mit der Freigabe solcher Entwicklungen seine demokratische Legitimität und seinen Loyalitätsanspruch.

Ich erörtere hier nicht, ob diese Überzeugung gut begründet ist. Ich sage nur, sie existiert, und ich sage allerdings auch darüber hinaus, sie ist nicht absurd. Sie ist nicht absurd aus folgendem Grunde: Es gibt eine nicht zu vernachlässigende Zahl namhafter Naturwissenschaftler, die diese Auffassung vertreten. Was soll nun der wissenschaftliche Laie tun? Er hat das Recht und verhält sich durchaus vernünftig, wenn er wissenschaftlichen Argumenten bezüglich Risiken so lange misstraut, wie durch sie nicht alle oder doch fast alle Wissenschaftler überzeugt wurden. Ein Beispiel: Wenn mir verschiedene entgegengesetzte ärztliche Therapien vorgeschrieben werden, etwa bei Knochenbrüchen, dann schaue ich mir die Literatur an, wenn ich selber kein Fachmann bin; ich sehe, dass ein Fachmann eine bestimmte Therapie vorschlägt und dass andere Fachleute ihm widersprechen, d.h. er überzeugt mit seinen Argumenten nicht Kollegen. Dann schaue ich mir an, wie sie miteinander argumentieren, ob sie auf ihre Argumente gegenseitig eingehen, und dann wähle ich natürlich nach Möglichkeit den Weg, der mir als der risikofreiere erscheint. Das ist das Recht und sogar die Pflicht des Laien.

Nun kann man darauf antworten: Der Laie muss so oder so optieren. Risikofreiheit gibt es nicht. Auch der sogenannte sanfte Weg ist nicht gefahrlos. Er enthält, wenn er nicht einlöst, was er verspricht, die Risiken der Senkung des Wohlstandes, ja der Not, damit zusammenhängende Arbeitslosigkeit, soziale Konflikte, womöglich eine gefährliche Unterlegenheit der freien Welt gegenüber der totalitären Bedrohung. Mir scheint dieser Einwand jedoch nicht durchschlagend und zwar aus folgenden Gründen:

Die Situation des Patt in der Argumentation ist noch nicht gegeben. Vielmehr haben sich meiner Kenntnis nach die Befürworter der Kernenergie noch nicht der Mühe unterzogen – offenbar in der großen Sicherheit der Durchschlagkraft ihrer Argumente –, auf die Fülle der Einwände, Materialien, Überlegungen und Fakten im Einzelnen einzugehen, die neuerlich z. B. in dem erwähnten Buch von Krause, Bossel und Müller-Reißmann oder in den Aufsätzen des Physikers Geserich[2] in der Zeitschrift »Scheidewege« und von einigen anderen vorgelegt wurden – sehr ausführlich quantifizierte Darstellungen.

Gesetzt den Fall, jemand befände sich in der Situation, zwischen den beiden Risikokomplexen abwägen zu müssen, so scheint mir doch folgende Situation zwingend: Die Rede von den sozialen Sachzwängen, von unvermeidlicher Arbeitslosigkeit, von unvermeidlichen Verteilungskämpfen ist, wie mir scheint, für eine freie Gesellschaft höchst bedenklich. Eine solche Rede unterstellt ja, dass die gesellschaftlichen Prozesse wie Naturprozesse zu beurteilen sind und den gleichen Determinismen unterliegen. Gerade das aber ist es, was die Feinde unserer freien Gesellschaftsordnung stets behaupten. Wenn wir uns für unfähig erklären, Arbeitsverkürzungen, Umverteilung von Arbeit, Abflachung des Wachstums – sogar Konsumeinschränkungen werden von einem Teil der Vertreter des sanften Weges für tolerabel gehalten, um alle diese Dinge zu nennen –, solche Probleme mit unserem freien System zu bewältigen, dann wäre dies der Beweis, dass das System gar nicht wirklich frei ist. Wir liefern damit den revolutionären Tendenzen die Legitimation sozusagen frei Haus.

Des Weiteren würden es uns kommende Generationen nicht verzeihen, wenn wir ihnen erstmals in der Geschichte der Menschheit bewusst sehenden Auges neue echte Naturzwänge hinterließen, nur weil wir unsere sozialen Probleme fälschlich für Sach- und Naturzwänge ausgegeben haben. Sie werden sagen, wir hätten unsere sozialen, ökonomischen und politischen Probleme gehabt, hätten erklärt, das seien Quasi-Naturzwänge, und hätten sie mit echten Naturzwängen eingebaut, mit denen sie nicht mehr beliebig verfahren, die sie nicht beliebig transformieren können. Dass freie Gesellschaften solchen Sachzwängen tatsächlich dann nicht unterliegen, wenn sie vor einer Notwendigkeit zu stehen glauben, das beweist die Existenz des Militärs. Hier führt nämlich der Wille zur Verteidigung der eigenen Existenz zu Aufgaben, die unter ökonomischen Gesichtspunkten sinnlose Ausgaben sind. Warum sollten nicht andere Gemeinschaftsaufgaben ähnlich imperativen Charakter bekommen können, wenn das Bewusstsein der Notwendigkeit, vor der wir stehen, ebenso stark ist?

Tatsächlich ist das Anpassungsvermögen einer freien Gesellschaft und einer Marktwirtschaft an neue Herausforderungen erstaunlich und weit größer als dasjenige totalitärer Planwirtschaften. Es ist ganz unsinnig und eine merkwürdige Allianz, dass heute oft Anhänger totalitärer Planwirtschaften sich als Verteidiger sanfter Techniken empfehlen. Das ist im Grunde nur *mala fide* oder in Unkenntnis geschehen, denn die Flexibilität von Marktwirtschaften gegenüber Herausforderungen ist zweifellos größer als die von zentralen Verwaltungswirtschaften. Nur: Freie Gesellschaften reagieren im Allgemeinen erst, wenn die Herausforderung sie mit dem Rücken an die Wand bringt. Und hier hat nun meiner Ansicht nach die Erfindung der Kernspaltung eine sehr ambivalente, in gewisser Hinsicht lähmende Wirkung. Sie erscheint nämlich sozusagen als *deus ex machina*, als Geschenk des Himmels, und beseitigt für uns das Gefühl, mit dem Rücken an der Wand zu stehen. Die entscheidende Erfindung scheint ja nun gemacht zu sein, und dieses Gefühl legt ein ungeheures Potential an Phantasie und Erfindungsgabe lahm. Aber woher nehmen wir denn eigentlich den Leibniz'schen Glauben an eine prästabilierte Harmonie zwischen bestimmten menschlichen Erfindungen und den Notwendigkeiten der Geschichte? Es sieht ja, wenn man die Diskussion verfolgt, so aus, als ob es manchen Leuten so vorkomme, als bestünde hier zwar wirklich ein Problem, aber der Himmel habe uns die Lösung für dieses Problem beschert, und wenn diese Lösung uns nicht beschert worden wäre, stünden wir vor der Menschheitskatastrophe. Was wäre denn, wenn die Kernspaltung erst im Jahre 2200 entdeckt worden wäre? Wer würde denn im Ernst behaupten, das wäre die Menschheitskatastrophe? Wer würde behaupten, die Menschen wären unfähig, mit diesem Problem fertig zu werden? Nun, da wir über die Kernspaltung verfügen, wird dieses Problem ein moralisches. Nur wenn die Bedenken gegenüber der Richtigkeit des Weges der Energiebeschaffung durch atomare Großversorgungsanlagen den Charakter einer echten moralischen Blockade bekommt, wird erneut jenes Potential an physikalischem, technischem, sozialem und ökonomischem Erfindungsgeist mobilisiert, das wir benötigen, um überhaupt in die Lage zu kommen, Wert und Unwert des atomaren Weges anhand von Vergleichen beurteilen zu können. Eine solche Vergleichbarkeit herzustellen aber scheint mir heute eine Forderung des christlichen Gewissens zu sein.

1 Krause, F., Bossel, H., Müller-Reissmann, K.F.: Energiewende, Frankfurt a.M. 1980.
2 Geserich, H.-P.: Wieviel (Kern-)Energie brauche wir?, in: Scheidewege 7/1977, S. 573 ff. Ders., Nullwachstum als Gleichgewichtszustand einer hochentwickelten Industriegesellschaft?, in: Scheidewege 10/1980, S. 169 ff. Ders., Weg vom Öl – aber wie?, in: Scheidewege 12/1982, S. 662 ff.

3. »Ich plädiere für die Rückkehr zu einem Fortschritt im Plural« (1988)*

Herr Professor Spaemann, nach den jüngsten Schlampereien in der Atomindustrie.** Sind erneut jene Stimmen laut geworden, die den Ausstieg aus der Kernenergie als das Gebot der Stunde bezeichnen. Die Frage an Sie als Philosophen: Ist so eine Ausstiegs-Forderung ethisch überhaupt zu verantworten, solange keine überzeugenden Alternativen für die Energiegewinnung bestehen?

Ihre Frage suggeriert die berühmten Sachzwänge, an denen man angeblich nicht vorbei kann, selbst wenn man es wollte. Um es gleich vorweg zu sagen – ich bin weit entfernt zu fordern: *Sofortiger Ausstieg* oder *Nicht sofortiger Ausstieg*. Wie schnell so etwas geht, wenn man es wirklich will, vermag ich nicht zu beurteilen. Allerdings finde ich es heuchlerisch, wenn Politiker sagen:

---

* Ein Gespräch mit dem Philosophen Robert Spaemann. In: *Die Welt*, Samstag, den 6. Februar 1988.

** Die Frage bezieht sich auf den sogenannten Plutoniumskandal Ende 1987, als aufgedeckt wurde, dass radioaktive Transporte und Frachten falsch deklariert wurden; Atomindustrie und Atomkraftwerke arbeiteten in höchst dubioser Manier zusammen.

Das kann man nicht, und wenn sie sich dabei auf vermeintliche Sachzwänge berufen. Manche Leute haben ein merkwürdiges Politikverständnis, wenn sie nur darauf schauen, was unter den gegebenen Bedingungen das Beste ist, was man tun kann. Es geht aber gerade darum, auch die Bedingungen zu ändern, unter denen man etwas ändern kann. Die Frage ist nur, ob man bereit ist, den Preis dafür zu zahlen. Ich sage nicht, was man kann. Aber wenn ein anderer sagt, was man kann, werde ich ihm sagen: Du versuchst, die Leute übers Ohr zu hauen, wenn du hier absolute Zwänge behauptest, wo du in Wirklichkeit nur gegeneinander abgewogen hast und deine Präferenzen einfach durchsetzt.

Die Suche nach alternativen Energiequellen ist doch bereits in Gang gekommen.

Ja, aber man sucht in einem fürchterlich lahmen Tempo. Aufrichtiger wäre es, so dringlich zu forschen, als hätte man die Atomkraft nicht schon. Aber das ist wohl ein Wunschtraum. Denn in den alternativen Formen der Energiegewinnung ist für die Wissenschaftler weniger Appeal. Das ist mehr eine Bastler-Angelegenheit, um es mal primitiv zu sagen. Wenn man einen Nobelpreis kriegen will, dann muss man in der Atomphysik arbeiten und nicht an alternativer Energiegewinnung herumbasteln. Die sogenannten Experten, von denen sich die Politiker beraten lassen, werden immer eine gewisse

Neigung in diese Richtung haben, weil das für sie interessanter ist.

Man könnte fast den Eindruck gewinnen, dass Sie die Kernenergie als ein Übel an sich betrachten, bei dem eine Güterabwägung von vornherein unzulässig sei.

Selbstverständlich kann man hier abwägen, auch wenn ich der festen Überzeugung bin, dass es Bereiche gibt, in denen die Abwägung endet. Ich behaupte nicht, die Erzeugung von Atomstrom sei das, was die Moraltheologen einen *actus intrinsice malus*, also eine in sich schlechte Handlung genannt haben. Aber ich komme bei der Abwägung doch zu anderen Ergebnissen, als sie uns heute von interessierten Stellen offeriert werden.

Was sind denn eigentlich Ihre Hauptvorbehalte gegen die Kernenergie?

Sehen wir hier einmal von den bedrohlichen Folgen einer korrupten Gesinnung ab, die letztlich nie in den Griff zu bekommen sein werden. Dann bleibt als eine Hauptkalamität die Entsorgungsfrage, auch wenn sie erst in 50 oder mehr Jahren unter den Nägeln brennen sollte. Die Verantwortlichen handeln hier frivol. Sie sagen nämlich: Dieses Problem haben wir noch nicht gelöst; aber keine Bange: Wir werden es gewiss noch lösen. Und ohne genau zu wissen, *wie* sie es lösen werden, fahren sie auf den eingefahrenen Gleisen weiter. Das scheint mir bei Dingen, die solche Gefahren in sich bergen und die kommenden Generationen so fixieren, höchst unverantwortlich zu sein.

Sind Fortschritte bisher nicht immer auch mit Risiken verbunden gewesen? Ist es nicht so, dass uns ein unbedingtes Streben nach totaler Sicherheit in der Steinzeit gefangen gehalten hätte?

Die Risiken müssen kalkulierbar bleiben, was hier offensichtlich nicht gewährleistet ist. Wir haben nicht das Recht, über die Gefahren hinaus, die der Natur innewohnen – Erdbeben, Vulkanausbrüche, Wirbelstürme usw. –, zusätzliche Gefahrenquellen in unseren Planeten einzubauen. Wir haben ferner nicht das Recht, unseren Nachfahren solche Gefahrenquellen als *unveränderbares Faktum* aufzuzwingen, zumal wir gar nicht wissen, ob sie sie steuern können und ob später noch die Einrichtungen existieren, die den Schutz vor Einbrüchen in die Gefahrenzonen gewährleisten. Woher wollen wir denn wissen, ob in tausend Jahren die technische Zivilisation noch besteht? Wir können doch nicht ausschließen, dass beispielsweise einmal wieder eine neue Völkerwanderungszeit kommen wird. Und selbst wenn alle diese Visionen unwahrscheinlich sein sollten: Niemand darf das Leben eines anderen verwetten, nur weil die Wahrscheinlichkeit eines günstigen Wettausgangs sehr hoch ist (Vgl. auch oben S. 8).

Ihre Worte sind Wasser auf die Mühlen derjenigen, die die Schlampereien in der Atomindustrie jetzt dazu benutzen, um in der Bundesrepublik wieder eine allgemeine diffuse Technik-Feindlichkeit zu schüren.

Natürlich kann ich niemanden daran hindern, meine Worte in diesem Sinne zu korrumpieren. Wenn ich aber jede falsche Interpretation ausschließen wollte, dürfte ich überhaupt nichts mehr sagen. Und dann müssten wir das Gespräch an dieser Stelle abbrechen, was für beide Seiten schade wäre. Ich habe ein sehr differenziertes Verhältnis zu den Segnungen der modernen Technik. So bin ich beispielsweise froh, wenn der Zahnarzt mir eine Spritze gibt, bevor er den Zahn zieht. Aber der Mythos der letzten zweihundert Jahre war doch der Gedanke: Es geht irgendwie immer aufwärts, der technische Fortschritt insgesamt, so meinte man, führt *in jedem Fall* zu einem besseren Leben im Ganzen. Unaufhaltsam marschieren wir einer besseren Zukunft entgegen. Wer sich dem entgegensetzt, ist eigentlich ein böser Mensch. Solche Ideen halte ich für baren Unsinn.

Sie haben einmal gesagt: Statt vom Fortschritt im Singular sollte man besser von Fortschritten im Plural sprechen. Was meinen Sie damit?

Es gibt Fortschritte, die sind Verbesserungen, und es gibt Fortschritte, die sind Verschlechterungen. Manche Verbesserungen werden durch Verschlechterungen erkauft, die zu groß sind, als dass dieser Fortschritt sich lohnt. Ich bin deshalb dafür, dass man den Begriff *Fortschritt* konkretisiert, dass man fragt: Ist dies eine Verbesserung? Oder eine Verschlechterung? Und nicht die Leute dumm macht mit dem Zauberwort *Fortschritt* im Singular, bei dem man nicht mehr fragen darf: Bitte, Fortschritt wohin? Ich plädiere also für eine Rückkehr zu einer vernünftigen Beurteilung der Fortschritte im Plural und bin nicht gegen jedweden technischen Fortschritt überhaupt.

Wie erklären Sie sich, dass die Grünen Sie noch nicht zu ihrem Hausphilosophen gekürt haben? Verbindungspunkte gäbe es doch zuhauf.

Ich finde, dass die Grünen am Anfang ihrer Entstehung wichtige Probleme aufgegriffen haben, und halte es auch gar nicht für schlecht, dass es diese Bewegung heute gibt, denn sie hat den etablierten Parteien zum Teil gehörig Dampf gemacht. Allerdings vermischen die Grünen ihre Antworten auf ökologische Fragen mit einem politischen Programm, das meiner Ansicht nach nicht vernünftig ist und das teilweise die Übel, die sie bekämpfen wollen, noch vermehrt. Sie haben nämlich auf der einen Seite den verantwortungsvollen und sparsamen Umgang mit den Ressourcen der Natur auf ihre Fahnen geschrieben, auf der anderen Seite aber setzen sie das Emanzipationsprogramm der letzten zweihundert Jahre ungerührt fort, ja steigern es noch, jenes Programm, durch das eben diese Zerstörungen herbeigeführt wurden.

Können Sie ein Beispiel nennen?

Die Forderung nach einer wie auch immer konditionierten Freigabe der Abtreibung bis zum neunten Monat steht natürlich in einem grotesken Missverhältnis zum Programm der Versöhnung mit der Natur. Hier haben wir einen Bereich vor uns, wo die Güterabwägung endet: Es ist immer unerlaubt, einen unschuldigen Menschen zu töten. Wer das legitime Selbstbestimmungsrecht der Frau gegen den unbedingten Schutz des ungeborenen Lebens ausspielen will, fordert im Klartext: Ich will selbst entscheiden dürfen, ob ich mein Kind töten darf oder nicht. Das aber ist ein Unding. Wenn mir plötzlich ein Baby ins Haus gelegt wird, das ich überhaupt nicht haben wollte, dann kann ich es ja deshalb nicht in den Mülleimer schmeißen. Das Baby ist dann nun einmal da, und ich habe die Sorgepflicht dafür.

Bei diesem Vergleich setzen Sie voraus, dass der Mensch bereits im Augenblick seiner Zeugung Mensch ist.

Die moderne Biologie weiß, dass es eine strikt kontinuierliche Entwicklung vom Anfang des Menschen an gibt. Jeder Schnitt, den Sie machen, ist willkürlich – nach dem ersten Monat genauso willkürlich wie nach der ersten Minute. Und wenn Sie irgendwo am Anfang den Schnitt machen, machen Sie ihn natürlich alsbald auch am Ende. Die Forderung nach Euthanasie ist ja inzwischen wieder auf dem Tisch. Die natürliche Zeugung und der natürliche Tod sind die einzigen Grenzen, alles andere ist Tyrannei.

Nun gibt es Stimmen, die sagen: Einverstanden, unmittelbar nach der Zeugung haben wir es mit biogenetisch identifizierbarem Leben zu tun. Aber wissen wir, ob es sich dabei auch schon um menschliche Personalität handelt?

In der Konsequenz bleibt dasselbe Problem: Wo wollen Sie plausiblerweise eine Grenze für Personalität festlegen, wenn nicht unmittelbar nach der Zeugung? Mit welchem Recht wollen Sie sagen: Ab jetzt ist es eine Person, und davor war es noch keine? Das wäre doch eine mittelalterliche Ansicht. Im Mittelalter gab es bekanntlich die Theorie der *sukzessiven Beseelung*. Man glaubte, dass die geistige Seele des Menschen, also seine Personalität, erst an dem magischen 40. Tag nach der Zeugung geschaffen werde. Dieser Gedanke ging zwar nicht davon aus, dass sich *Personalität aus etwas Apersonalem* entwickeln könne. Dennoch handelt es sich um eine These, der jede Plausibilität fehlt.

Der menschliche Embryo ist nicht erst ein Tier oder irgendeine andere Art von Individuum, sondern seine ganze Entwicklung steht von Anfang an *unter der Form des Menschseins*. Wenn man ein Kriterium von Personalität ansetzen würde, das etwa auf Sprachfähigkeit oder Selbstbewusstsein beruht, könnte man sogar die Freigabe der Tötung von Säuglingen erwägen. Wenn jemand sagt: »Ich wurde in dem und dem Augenblick gezeugt oder geboren«, so meint er ja nicht, dass sein *Selbstbewusstsein* zu jenem Zeitpunkt begann. Vielmehr bezeichnet er ein Ich, das sich seines Ichseins damals noch gar nicht bewusst war. Es gehört zum Wesen der geschaffenen Person, dass ihr Anfang im *Unvordenklichen* liegt. Diese Unvordenklichkeit des personalen Anfangs können wir zeitlich nur abbilden, indem wir ihn mit dem Beginn der organischen Existenz eines menschlichen Lebens gleichsetzen – also mit dem Augenblick seiner Zeugung.

Das Thema Lebensschutz hat Konjunktur. Zu diesem Ergebnis könnte man jedenfalls kommen, wenn man die starke Anti-Atomkraft-Lobby hierzulande betrachtet. Demgegenüber scheint die Lobby für das ungeborene Kind kleinlaut zu sein. Wie erklären Sie sich dieses schizophrene Engagement?

Auch wenn ich denke, dass die Lobby für das ungeborene Kind in den letzten Jahren doch einen mächtigen Aufschwung erlebt hat, stimme ich Ihrer Beobachtung im Großen und Ganzen zu. Eine Antwort auf Ihre Frage scheint mir in Folgendem zu liegen: Die Abtreibung haben wir alle hinter uns. Das heißt, wir alle haben das Glück, nicht abgetrieben worden zu sein. Das kann uns also nicht mehr passieren. Die Menschen sind nun einmal so, dass sie vor allem auf solche Dinge allergisch reagieren, die ihnen selber noch zustoßen können. Umgekehrt neigt man zur Gleichgültigkeit, wenn es darum geht, ein Leben zu respektieren, das vollkommen auf uns angewiesen ist, das keine Möglichkeiten von Repressalien und Vergeltung besitzt.

Ein Zweites kommt hinzu: unsere Abhängigkeit von der sinnlichen Wahrnehmung. Das ist ja der Grund, warum der amerikanische Gynäkologe Bernard Nathanson seine Abtreibungspraxis erst in dem Moment abgebrochen hat, wo er in einem 1984 gedrehten Film die Ultraschallaufnahme einer Abtreibung vor Augen bekam. In dem Film sieht man, wie der Embryo sich wehrt und welche Reaktionen er zeigt, bevor er getötet wird. Das war für den Gynäkologen ein solches Schockerlebnis, dass er zur Gegenpartei übergetreten ist. Und nicht umsonst wehren sich die Befürworter der Abtreibung mit Händen und Füßen dagegen, dass dieser Streifen gezeigt wird. Es ist ja unglaublich, wie man auch hierzulande versucht, der Öffentlichkeit diesen Film von Nathanson vorzuenthalten. Die Menschen sollen nicht sehen, was sie tun, weil sie es dann leichter tun können.

Ein Beleg für Ihre These ist vielleicht auch folgende Tatsache: Während die Tötung von bereits geborenen behinderten Menschen unter Strafe steht, haben wir andererseits eine eugenische Indikation, derzufolge die Tötung kranker Embryos straffrei bleibt.

Das ist in der Tat eine Schizophrenie, aus der die visuelle Voreingenommenheit spricht. Künftig werden wir einem Behinderten also wohl sagen müssen: Mein Lieber, es ist uns leider missglückt, dich frühzeitig daran zu hindern, in diese Welt zu kommen. Nun müssen wir halt für dich sorgen. Eine merkwürdige Art von Existenz, die man in einer Gesellschaft führt, von der man weiß, dass sie einen eigentlich umbringen wollte.

Könnte die von Ihnen kritisierte Gleichgültigkeit gegenüber Natur und Leben nicht auch in einem fehlgeleiteten Wissenschaftsverständnis ihre Wurzel haben? Es gibt doch zu denken, wenn Thomas Hobbes schreibt: »Eine Sache erkennen heißt wissen, was man mit ihr machen kann, wenn man sie hat.«

Der Ausspruch charakterisiert genau jenen Typus von neuzeitlicher Wissenschaft, die von Anfang an ein hybrides Programm war. Sie hat nämlich systematisch davon abgesehen, dass natürliche Wesen *selbst* eine zielgerichtete Verfassung besitzen, dass es ihnen also *selbst um etwas geht* – ein Umstand, den der Mensch zu respektieren hat. Stattdessen scheut man sich nicht, die Natur radikal zu *objektivieren*, und diese Vergegenständlichung hat nun auch vor dem Subjekt dieser Herrschaft, dem Menschen, nicht haltgemacht. Wenn der Mensch bis in seine geistigen Akte hinein versuchsweise zum Objekt biologischer Hypothesen wird, so heißt das: Sein Subjektstatus löst sich auf.

Für viele ist Martin Heidegger der bedeutendste Vordenker solcher auf Sein-Lassen bedachten Ethik. Der Philosoph ist jetzt plötzlich in das Kreuzfeuer der öffentlichen Kritik geraten, weil er angeblich ein überzeugter Nazi gewesen sei. Wie bewerten Sie diese Auseinandersetzung um Heidegger?

Ich bin kein Zeithistoriker. Fest steht jedenfalls, dass Heideggers Philosophie einen ungeheuren Einfluss in vielen Teilen der Welt ausgeübt hat. Und zwar bei Denkern, die derart weit auseinandergehenden politischen Richtungen angehören, dass eine Zuordnung von Heideggers Philosophie zu einer bestimmten politischen Ideologie unmöglich ist. Ich kann die von Ihnen aufgeworfene Frage jetzt nicht vertiefen. Es genügt vielleicht, darauf hinzuweisen, dass für Heidegger der Begriff der Freiheit aufs Engste zusammenhängt mit dem Gedanken des *Sein-Lassens*. Dieser Gedanke wird heute sicher besser verstanden als zu der Zeit, als er ausgesprochen wurde.

Stichwort Sein-Lassen: Sie sprachen von einem »hybriden Programm« neuzeitlicher Wissenschaft, das sich inzwischen auch des Menschen selbst bemächtigt habe. Wie beurteilen Sie in diesem Zusammenhang die Möglichkeiten der künstlichen Befruchtung?

Es heißt den Menschen zu instrumentalisieren, wenn man den Beischlaf um seine potentielle, auf Weitergabe des Lebens gerichtete Dimension künstlich verkürzt und ihn so zum bloßen Werkzeug subjektiven Lustgewinns macht. Umgekehrt wird der Mensch genauso degradiert, wenn man die Weitergabe des menschlichen Lebens ablöst von dem lustvollen Akt, als dessen natürliche Folge sie normalerweise geschieht und den wir Zeugung nennen. Ich lehne die künstliche Befruchtung aber auch deshalb ab, weil hier zum ersten Mal ein Mensch zum Geschöpf anderer Menschen wird.

Können Sie diesen Vorbehalt erläutern?

Wir treten alle in die Gesellschaft ein von Natur, kraft eigenen Rechts, als natürliche Nebenfolge der Liebe. Bei der Retortenproduktion wird ein Kind jedoch ins Leben *gezwungen,* indem es von Hand zusammengerührt wurde. Und dieses Kind kann eines Tages, wenn es unglücklich ist, sich an seine Eltern wenden und sagen: Warum habt ihr mich ins Leben gezwungen? Ein normaler Vater und eine normale Mutter können auf diese Frage unbefangen antworten: Du bist so ins Leben gekommen, wie alle anderen Menschen ins Leben kommen. In diesem Falle aber sind die Eltern rechenschaftspflichtig, und meiner Ansicht nach kann ein Mensch weder für das Leben noch für den Tod eines Menschen Rechenschaft ablegen, denn das übersteigt, was wir verantworten können.

An dieser Stelle sei einmal ein Wort Ihres Kollegen Odo Marquard zitiert, der vor einer »Ethik der großen Verbote« warnt und eine »nicht-zensuristische Moral« fordert.

Das scheint mir eine etwas zweideutige Forderung zu sein. *Wir können uns eine Ethik nicht ausdenken.* Wenn Odo Marquard meint, nicht alles, was wir uns verbieten sollten, muss von Staats wegen verboten werden, dann stimme ich ihm zu. Aber die Frage, was gut und böse ist, folgt weder aus staatlichen oder kirchlichen Gesetzen noch aus den Büchern von Ethik-Professoren, sondern aus der Natur der Sache. Das Absinken in die Beliebigkeit ist gleichbedeutend mit einem Verlust an Humanität. Und ein sensibles Gewissen ist etwas ganz anderes als Skrupulantentum.

Wenn wir Sie richtig verstanden haben, sagen Sie also: Nicht alles, was die Natur der Sache gebietet, muss auch rechtlich durchgesetzt werden.

Natürlich möchte ich nicht alles juristisch verboten sehen, was schlecht ist. Andererseits müsste ein gerecht denkender Mensch ein Interesse daran haben, dass man ihm – wo die Rechte anderer betroffen sind – die Grenzen von außen setzt. Nehmen Sie die Umweltverschmutzung durch die Industrie. Es ist eine Überforderung der Industrie, ihr zu sagen, sie solle verantwortlich mit der Umwelt umgehen. Ihr verantwortlicher Umgang mit der Umwelt besteht im Respektieren der Gesetze. Oder denken Sie an den Wissenschaftler. Der hat nun einmal ein gewisses elementares Interesse daran zu experimentieren. Und die Grenzen dafür müssen ihm von außen formuliert werden. Ich habe auch ein Interesse, in meiner eigenen Institutsbibliothek die Bücher einfach ohne viel Umstände mitzunehmen – mit der Folge, dass sie den Studenten fehlen würden. Darum bin ich dafür, dass sich die Bibliothekskontrolle auch auf mich erstreckt. Wenn der Wissenschaftler, der mit Tieren experimentiert, darauf besteht, dass er selbst die Grenzen seiner Tätigkeit bestimmen sollte, so ist das unvernünftig. Ein anständiger Richter schließt sich selbst wegen Befangenheit aus, wenn ein Interessenkonflikt vorliegt.

Welche Rolle weisen Sie hierbei der Philosophie zu? Hat sie überhaupt eine Chance, von den Einzelwissenschaften gehört zu werden?

Es ist offenkundig, dass die Einzelwissenschaftler heute die Philosophie mehr als früher bemühen. Ständig wird an Philosophen appelliert, irgendwelche Belehrungen zu geben. Dabei soll die Philosophie gar nicht so sehr belehren. Das hat Sokrates auch nicht getan, sondern er hat die Leute dazu gebracht, selbst darauf zu kommen. Ein Philosoph ist nicht wie ein religiöser Lehrer, der eine Offenbarung verkündet. Das Groteske nun ist: Wenn die Philosophen dennoch einmal etwas Maßgebendes sagen, was nicht ohnehin schon zum allgemeinen Konsens gehört, ist der Ärger groß. Die Einzelwissenschaftler trösten sich dann, indem sie sagen: Naja, das ist ja nur die Option der Philosophen, die zählt eigentlich nicht. Es ist paradox: Wir Philosophen sollen ständig reden, dürfen aber nicht erwarten, dass uns irgendjemand hört.

Ganz so pessimistisch braucht man es womöglich nicht zu sehen. Immerhin hat der baden-württembergische Ministerpräsident Lothar Späth darauf hingewiesen, dass auf Tagungen und Kongressen zunehmend Philosophen die Wortführer sind. Könnte darin nicht doch so etwas wie eine Renaissance der Philosophie zum Ausdruck kommen?

Es wäre ja schön, wenn es so wäre. Die Philosophie darf sich dabei natürlich nicht in die Gefahr begeben, ihre Nachdenklichkeit zu opfern. Der Erfolg kann nur darin bestehen, Nachdenklichkeit zu wecken. Wenn Philosophen heute mehr denn je gefragt werden, hängt es wohl damit zusammen, dass mehr Menschen das Gefühl haben, dass die sogenannten Sachzwänge – wie ich am Anfang sagte – eben doch nur Sachzwänge *unter gegebenen Voraussetzungen* sind. Die Frage aber, welche Sachzwänge wir überhaupt akzeptieren sollten und welche nicht, scheint so recht in niemandes Kompetenz zu fallen. Da tauchen dann die Philosophen auf. Odo Marquard hat unsere Zunft einmal definiert als die »Inkompetenz-Kompensations-Kompetenz«. Nicht, als seien Philosophen die eigentlich Kompetenten. Aber sie sind im Umgang mit Inkompetenz geübter als andere und hören nicht auf nachzudenken, wenn ihre professionelle Kompetenz erschöpft ist. Vielleicht ist es das, was die Menschen heute interessiert.

4. Nach uns die Kernschmelze*

Bei Rechtsstreitigkeiten ebenso wie bei politischen Entscheidungen, aber auch bei den fundamentalen Optionen der Metaphysik spielt die Verteilung der Begründungspflichten eine entscheidende Rolle. Diese Pflichten sind nicht symmetrisch verteilt. Wer einen bestehenden Zustand zu ändern wünscht, trägt die Begründungspflicht. Er muss die Vernünftigkeit und Berechtigung des Status quo nicht jedes Mal ab ovo beweisen. Er darf sich damit begnügen, die Unzulässigkeit der gegnerischen Argumente darzutun. In unserem Fall trägt also derjenige die Begründungspflicht, der den beschlossenen Ausstieg aus der Kernenergiegewinnung rückgängig machen will. Die Hintergrundüberzeugungen, die seine Argumente tragen, stehen zur Debatte.

Welches sind diese? Da ist erstens die Vorstellung eines garantierten zivilisatorischen, technisch-wissenschaftlichen Fortschritts oder wenigstens der Erhaltung des heutigen zivilisatorischen Niveaus für die Dauer der Strahlung des Atommülls, also für die nächsten

---

* Erschienen in der Frankfurter Allgemeinen Zeitung vom 6. Oktober 2006.

10 000 Jahre. Man muss das voraussetzen, wenn man durch Lagerung des Atommülls No-go-Areas schaffen will, deren Respektierung auch noch nach Jahrtausenden erwartet werden kann, weil das diesbezügliche Know-how noch existiert und weil unsere Warnschilder noch existieren, noch gelesen und noch verstanden werden. Nichts berechtigt zu dieser Erwartung. Sie ist eher eine unwahrscheinliche Annahme. Unsere wissenschaftlich-technische Zivilisation ist eine labile und gefährdete Ausnahmeerscheinung auf diesem Planeten. Es ist frivol, in sie für unsere späten Nachkommen Gefahrenquellen einzubauen, die über die ohnehin vorhandenen natürlichen hinausgehen und die von unseren Nachfahren möglicherweise nicht beherrschbar sein werden – es sei denn, es gelänge, diese Zonen für zehn Jahrtausende garantiert unzugänglich zu machen.

Dass dies mit Sicherheit gelingt, ist die zweite Hintergrundannahme. Die Endlagerfrage ist bisher ungelöst. Das Endlager muss nicht nur für Jahrtausende resistent sein gegen alle möglichen natürlichen Einwirkungen. Es muss auch für Menschen definitiv unzugänglich sein. Wir kennen in der Geschichte keine Zivilisation von vergleichbarer Dauer. Wir wissen nicht, ob eine Menschheit, die das Wissen um die Strahlung verloren hat, auch die Möglichkeit zu Bohrungen verloren haben wird, die die unsrigen übersteigen. Das ist nämlich durchaus denkbar. Wir wissen zum Beispiel nicht mehr, wie die Erbauer von Stonehenge ihre Steinblöcke aufeinandergetürmt haben. Wir können vieles, was sie nicht konnten, sie konnten etwas, das wir nicht können. Das aber heißt: Die Anforderungen an die Endlager müssen sehr hoch sein. Sie müssen resistent sein gegen jede Form von Überschwemmung und gegen alle denkbaren geologischen Veränderungen innerhalb des genannten Zeitraums. Immer noch leben wir aber in dieser Hinsicht vom Prinzip Hoffnung, jedoch so, dass wir das sogenannte Restrisiko nicht selbst tragen, sondern auf unsere ohnmächtigen Nachfahren abwälzen. Leider gehört diese Abwälzung zu den Kennzeichen unserer gegenwärtigen Zivilisation. Unsere Familien- und Steuerpolitik belastet skrupellos unsere Kinder und Enkel, und wenn wir an die verbrauchende Embryonenforschung denken, so müssen wir feststellen, dass diese Verlagerung inzwischen Formen des Kannibalismus annimmt.

Mit der Erzeugung von Atomkraft zu beginnen, ehe die Endlagerfrage definitiv geklärt ist, war in jedem Fall ein unverantwortlicher Poker, selbst wenn sich tatsächlich am Ende eine Lösung finden wird. Die Sicherheit, dass sie sich finden wird, beruht auf einer weiteren, quasi religiösen Hintergrundüberzeugung, nämlich der, dass es immer eine prästabilierte Harmonie geben wird zwischen unseren Bedürfnissen und der Bereitschaft des Universums, diese zu erfüllen. »Ich brauche das!« ist seit den sechziger Jahren im Mund von Menschen, die sich weigern, erwachsen zu werden, so etwas wie eine letzte, nicht mehr weiter zu hinterfragende Begründung von Forderungen an ihre Mitwelt. Das Universum ist aber dadurch nicht zu beeindrucken. Und der Glaube, dass sein wird, wovon wir denken, dass es doch sein müsste, ist ein kindischer Glaube. Ob wir ein Endlager der beschriebenen Art finden werden, wissen wir erst, wenn wir es gefunden haben.

Man könnte einwenden, das gelte auch für die Erwartung, vollwertigen Ersatz für die aus der Atomspaltung resultierende Energie zu finden. Aber dabei würde man zwei Unterschiede übersehen. Erstens wissen wir schon, in welcher Richtung das Ziel der alternativen Bemühungen liegt, und die Erreichung dieses Ziels hängt weitgehend von unseren eigenen Bemühungen ab. Zweitens aber: Man betrachtet als unverzichtbare Bedingung für jede Alternative, dass der bisherige Energieverbrauch allenfalls durch bessere Ausnutzung der Ressourcen gesenkt wird, niemals aber durch Einschränkung unseres Konsums. Dabei wissen wir inzwischen, dass unser Planet eine Anhebung des globalen Konsumniveaus auf das jetzige amerikanische und europäische nicht verkraften würde. Wenn wir die Erhaltung dieses Niveaus zur Bedingung machen, dann erscheint uns die Entdeckung der Kernenergie wiederum als Beweis für die prästabilierte Harmonie, nach welcher alles so gekommen ist, wie es kommen musste. Aber wo steht das geschrieben?

Das Abenteuer der Existenz des Homo sapiens ist das Resultat von Zufällen in eins mit der Reaktion des Menschen auf diese Zufälle. Auch die Entdeckung der Kernenergie im 20. Jahrhundert ist ein solcher Zufall. Wenn es ihn nicht gegeben hätte oder wenn es ihn erst 200 Jahre später gegeben hätte, sähe die weitere Geschichte der Menschheit anders aus, als sie nun aussieht. Aber sie wäre deshalb nicht zu Ende. Angesichts des immensen Zuwachses an Macht des Menschen muss es in Zukunft Dinge geben, die wir uns aus guten Gründen verbieten. Und erst wenn wir dieses Verbot wie eine naturgegebene Unmöglichkeit und uns selbst als mit dem Rücken an der Wand stehend betrachten, werden die kreativen Kräfte mobilisiert, die erforderlich sind, um die weitere Entwicklung der Menschheit nicht auf den fortschreitenden Verbrauch von Zukunft zu gründen. Wer die genannten Hintergrundüberzeugungen nicht preiszugeben bereit ist, der sollte sich doch beeindrucken lassen von der Gefahr, die Carl Friedrich von Weizsäcker veranlasste, sein früheres Plädoyer für Atomkraftwerke zurückzunehmen: die Gefahr des Terrorismus. Um sie auszuschließen, müsste unser Land sich in einen Polizeistaat verwandeln. Es ist einfach Hybris, die Welt so zu möblieren, dass sie nur dann bewohnbar bleibt, wenn alle Menschen gut sind. Dass sie es seien, ist die letzte Hintergrundüberzeugung. Sie ist ebenso hartnäckig wie erwiesenermaßen falsch.

5. »Wo war Gott in Japan?« (2011)*

Japan wurde von Katastrophen heimgesucht, die das bisher Denkbare und Erklärbare übersteigen. Bei Ereignissen von solch schrecklichem Ausmaß kommt gewöhnlich die Frage nach Gott ins Spiel. Wo war Gott in Japan?

Die Frage wird immer wieder gestellt. Bei uns lautet bisher die klassische Frage: Wo war Gott in Auschwitz? Meine Antwort an den *Spiegel*, der die Frage stellte, lautete: Am Kreuz. In Auschwitz wirkte die teuflische Bosheit von Menschen. In Japan handelt es sich um ein ungeheuerliches Zusammentreffen von drei Katastrophen. Die Frage, wo Gott war, wird in solchen Situationen immer gestellt. Aber sie stellt sich auch ohne dass ich etwas von Auschwitz oder Japan weiß, schon wenn ich zum Beispiel höre, dass ein kleines Kind von seinen Eltern auf bösartige Weise zu Tode gequält wurde. Nach Katastrophen entsteht eine gewisse Hysterie, die auf die Größenordnung schaut, da muss sich Gott speziell rechtfertigen. Bei kleineren Sachen ist man bereit, darüber hin-

---

* Robert Spaemann im Gespräch mit Dominik Klenk, in: *Christ und Welt* (Beilage in *Die Zeit*), 24. März 2011.

wegzusehen. Gott hingegen sieht über gar keine Sache hinweg.

Wie kann er es dann zulassen?

Darauf gibt es eine klare biblische Antwort im Buch Hiob. Hiob fragt sich, warum ihm so viel Unglück zustößt. Seine Freunde betreiben Theodizee und erklären ihm, dass Gott gerecht ist und die Schuld bei Hiob selbst liegt, weil Gott ja nicht schuld sein kann, dass so Schreckliches passiert. Dann tritt Gott selbst auf und weist die Freunde in ihre Schranken. Er sagt: Sie haben überhaupt keine Ahnung. Sie kennen Gottes Motive nicht. In Hiobs Protest ist immer noch mehr Wahrheit als in der Theodizee der Theologen.

Und wie reagiert der bedrängte Hiob?

Gott redet mit Hiob am Ende selbst unter vier Augen und fragt ihn: Wo warst du denn, als ich die Sterne gemacht habe? Als ich das Krokodil gemacht habe, das Nilpferd und den Leviathan? Hast du mir dabei geholfen? Hast du irgendeine Ahnung über den Kosmos? Diese Antwort stößt Hiob nicht ab, sondern sie bringt ihn zur Besinnung:
    Er vertraut auf Gott, trotz allem, was geschieht. Seine Frau sagt ihm: Verfluche Gott und stirb. Hiob aber sagt: Wir haben von ihm das Gute genommen, sollten wir dann nicht auch das Böse annehmen? Der Name des

Herrn sei gepriesen. Ein ermordeter Jude in Auschwitz schrieb in einem herausgeschmuggelten Testament: Gott, mach mit uns, was du willst. Du wirst es nicht schaffen, dass wir aufhören, dich zu loben. Dieses gewaltige Paradox versteht nur ein gläubiger Mensch.

Die Gnade des Glaubens liegt also darin, auch in der Not im Vertrauen bleiben zu können?

Vertrauen – das ist das A und O des Glaubens.

Angesichts solcher Katastrophen fragt man sich jedoch, ob Gott ein lieber oder ein zorniger Gott ist.

Was den zornigen Gott betrifft: Gott ist kein alter Mann, der sich aus dem Konzept bringen lässt, sondern der Zorn erscheint als die Kehrseite der Liebe. Gott ist immer gleich, er verändert sich nicht. Aber Gott ist einmal die Sonne, die wärmt, und einmal die Sonne, die verbrennt. Das liegt aber nicht an der Sonne, sondern an den Bedingungen auf der Erde.

Sehen Sie im Geschehen in Japan den zornigen Gott?

Man kann das. Aber man sollte sich zurückhalten. Und wir müssen vorsichtig sein und nicht mit wohlmeinenden Tröstungen aufwarten. Papst Benedikt hat vor dem Tor von Auschwitz etwas Entscheidendes getan: Er hat gebetet. Er hat keine Begründung gegeben, sondern einfach die Frage nach dem Warum stehenlassen und in ein Gebet gefasst.

Jetzt glauben Christen – anders als Buddhisten – an einen personalen Gott. Inwieweit hilft ein solcher Glaube in dieser Krise?

Unter einem nichtpersonalen Gott kann ich mir gar nichts vorstellen. An Gott glauben heißt ja, an einen Gott glauben, der es gut meint. Um es gut zu meinen, muss man Person sein. Ich kann Gott vertrauen, weil er Person ist.

Sind die Japaner mit ihrer Glaubenstradition im Nachteil?

Ja und nein. Einerseits benehmen sie sich auf eine Weise, die man als Christ und Nichtjapaner nur bewundern kann: diese stoische Ruhe und Gelassenheit in schlimmsten Situationen. Aber ob sie in einer besseren Lage sind als die Christen, da würde ich sagen nein. Jesus selbst war kein Stoiker. Er hat gezittert am Ölberg, er hat geweint, er hat sich überschwänglich gefreut. Christen haben den nichtchristlichen Japanern etwas voraus: Vertrauen. Das ist zukunftsweisender als stoisches Aushalten. Und es weist über uns selbst hinaus auf den Größeren. So ist es für Christen möglich, die schlimmsten Dinge nicht nur resignativ hinzunehmen, sondern im Vertrauen anzunehmen.

Wie steht es mit dem Wertekanon? Gibt es spezifische christliche Kriterien für eine Ethik der Wissenschaften, eine Ethik der Erkenntnis?

Für einen Christen müssen Glaube und Vernunft zusammenkommen. Aber nicht nach Prinzipien des Utilitarismus – alles sei erlaubt, wenn es einem vermeintlich guten Zweck dient. Eine solche Position ist sowohl mit dem Glauben als auch mit der Vernunft unvereinbar. Die letzten 150 Jahre haben zu einer wachsenden Skepsis gegenüber der Fähigkeit der Vernunft geführt. Es gibt heute eigentlich nur einen Verteidiger der Vernunft: Das ist der christliche Glaube. Der heilige Thomas von Aquin sagt: Es gibt zwei Quellen der göttlichen Offenbarung über das, was zu tun und was nicht zu tun ist: Vernunft und Offenbarung. Der Apostel Paulus schreibt, dass das am Sinai offenbarte Gesetz im Grunde jedem Menschen, auch den Heiden, ins Herz geschrieben ist. Die Erkenntnis hat für den Menschen eine verpflichtende, bindende Kraft. Dazu allerdings muss man glauben, dass die Vernunft eine göttliche Wurzel hat.

Der Philosoph Günther Anders hat geschrieben: »Nicht unser Verschwinden wäre ein Wunder, sondern unser Fortbestand.« Auch Sie haben mehrfach betont, dass unsere technische Zivilisation wohl nicht ewig bestehen könne. Das zeugt nicht gerade von einem Geschichtsoptimismus …

Wir sind es gewohnt, in Kategorien des Fortschritts zu denken, vor allem des wissenschaftlichen Fortschritts. Wir erwarten, dass Wissen und technische Möglichkeiten sich dauernd vermehren werden. Davon leiten wir wie selbstverständlich ab, dass diese Zivilisation auf ewig existieren wird. Aber es gibt nicht den geringsten Grund für diese Annahme. Bisher sind noch alle Zivilisationen zugrunde gegangen. Und es ist sehr wahrscheinlich, dass es mit unserer ebenso gehen wird.

Die Bibel spricht klar davon, dass die Geschichte der Menschheit ihrem Ende entgegengeht.

Und am Ende kommt nicht etwa das Reich Gottes, sondern der Antichrist. Das Reich Gottes kommt dann rettend in Form eines Einbruchs von außen.

Bevor es aber so weit ist, heißt es etwa im Evangelium von Matthäus im 24. Kapitel, dass sich Naturkatastrophen ereignen werden. Hier ist die Rede von Hungersnöten, von Erdbeben.

Ja, und vom Rauschen des Meeres und von Erschütterungen der Kräfte des Himmels.

Sind diese Ereignisse der letzten Wochen und Jahre – wir hatten ja auch Tsunamis und schwere Erdbeben auf den Philippinen, auf Haiti und Chile – im Zusammenhang eines biblisch-endzeitlichen Kontextes zu deuten?

Ich denke ja. Ohne dafür irgendeinen Anspruch zu erheben, dass das eine zwingende Schlussfolgerung wäre. Möglich ist auch eine ganz andere Wendung, denn dasselbe Neue Testament spricht von einem tausendjährigen Reich der Herrschaft Christi, bevor der Antichrist kommt. Es könnte ja auch sein, dass uns noch eine große Zeit bevorsteht, in der viele Menschen Christen werden. Ich persönlich sehe das eher nicht, aber ich wäre gern bereit, mich vom Gegenteil überzeugen zu lassen.

Also, Endzeit ja. Aber ob diese Zeitspanne sich in Jahrzehnten, -hunderten oder -tausenden fassen lässt, das ist wiederum Gottes Sache?

Richtig. Aber wenn solche Ereignisse sich häufen, dann haben wir allen Anlass, sie als Zeichen zu nehmen.

Die Bibel fordert das Volk auf, immer wieder froh und voller Hoffnung zu sein. »Seid nicht bekümmert, denn die Freude am Herrn ist Eure Stärke.« Woher nehmen Christen Trost und Freude angesichts der Ereignisse dieser Tage?

Aus der Verheißung. Wenn Dostojewskis Iwan Karamasow sagt, er will die Eintrittskarte in den Himmel zurückgeben, wenn diese über die Ermordung eines einzigen, unschuldigen Kindes geht, dann kann man darauf nur antworten: Das Universum interessiert sich nicht dafür, ob du die Eintrittskarte zurückgibst oder nicht. Nur was du tust, ist Folgendes: Du willst nicht zustimmen zu einem Reich, in dem dieses getötete Kind wieder leben und getröstet sein wird – in Ewigkeit. Stattdessen möchtest du daran festhalten, dass das Böse das letzte Wort hat.

Das heißt, wir neigen heute dazu, in unserem Leben und Denken im Horizont des Diesseits zu versacken?

Ja. Aber es war nie sehr anders.

Und Sie meinen, die Freude und die Hoffnung des Christentums strahlt uns vor allem aus dem »Darüber-Hinaus« entgegen?

Ja. Man versucht uns heute so ein Soft-Christentum beizubringen. Und das hat Tradition. Aber wenn der Apostel Paulus sagt: »Wir haben hier keine bleibende Statt, unsere Heimat ist im Himmel«, dann ist das eine klare Ansage, um sich auszurichten und nicht um sich einzurichten. Es hat mich viele Jahre innere Anstrengung gekostet, dass katholische Prediger mir in der Nazi-Zeit versucht haben auszureden, was da gesagt ist. Ich habe aber erfahren, dass diese unbequeme Botschaft des Paulus eine Quelle der Freude ist. Anders als bei einem Geschichtsoptimismus. Da strengt man sich sehr an, aber wenn die Sache schiefgeht, ist man tief frustriert. Und die Welt ist voll von zynisch gewordenen Idealisten.

Wohl, weil das Gute eben flüchtig ist?

Man kann schon bei Platon lernen, dass alle Gestalten des guten Lebens vergänglich sind, so wie das Leben überhaupt. Aber wenn irgendwo eine Gestalt guten Lebens realisiert wurde, dann hat das eine Ewigkeitsbedeutung. Das ist bei J.R.R. Tolkien im »Herrn der Ringe« so schön. Als Sauron am Ende besiegt wird, heißt es: »Und es war Frieden für lange Zeit.« Es war kein ewiger Friede, sondern ein langer. Mehr können wir nicht hoffen. Aber wir tun jetzt, was wir können, um eine gottgewollte Gestalt eines friedlichen Lebens zu verwirklichen. Wie lange das andauert, das liegt in Gottes Hand.

Mit Gott lässt sich auch hadern, etwa wenn wir in die Psalmen und Klagelieder schauen. Was lässt sich daraus für diese Tage schöpfen?

Wir können unsere Klagen vor Gott bringen. Sie trennen uns nicht von ihm. Wir müssen nicht sagen: Ich kann sowieso nicht in Gottes Geheimnisse schauen, also brauche ich mich nicht dafür zu interessieren. Sondern umgekehrt: Ich kann das Leiden und mein Unverständnis vor Gott bringen.

Vor Gott bringen – meint es in die Beziehung bringen, es vor ihm aussprechen?

Natürlich. Das kann bis zum Hadern gehen. Es ist interessant, dass in den Psalmen immer wieder Gott angerufen wird, uns zu helfen »um deines Namens willen«. Es wird an Gottes Eigeninteresse appelliert: Du kannst doch nicht wollen, dass die Heiden sagen: Wo ist denn ihr Gott? Deine eigene Ehre steht ja auf dem Spiel. Oft macht der Psalmist, der Gott anruft, Gott gegenüber Gott geltend. Er sagt: Du bist Gott, das impliziert Verpflichtungen. Wir können zwar nicht genau sagen, welche, aber wir müssen vertrauen, dass er auch tun wird, was er sich selbst schuldig ist.

Was können Christen in diesen Tagen tun?

Praktische Hilfe ist geboten. Wenn die Menschen in Zeltstädten frieren, brauchen sie warme Decken. Es gibt immer zwei Dinge, die man tun kann: helfen und beten. Übrigens auch in umgekehrter Reihenfolge.

6. Die Vernunft, das Atom und der Glaube (2011)*
Über entfesselte Wissenschaft, frivole Wachstumspolitik und das verdrängte Restrisiko

Herr Professor Spaemann, Sie sind seit Jahrzehnten eine kritische Stimme in der Debatte um die ethische Vertretbarkeit der Atomenergie. Warum halten Sie Atomkraft für eine höchst problematische Variante der Energiegewinnung für die Menschheit?

Weil wir die Technologie nicht beherrschen. Es hat mit der Atomkraft ja militärisch begonnen: mit der Atombombe. Da war gleich der gute Geist aus der Sache weg – und dann kam erst der Gedanke der friedlichen Nutzung. Man behauptete zwar, das Risiko sei gering, es hat jedoch nie jemand gewagt zu sagen, das Risiko gebe es nicht. Aber die eiserne Regel lautet: Was einmal schief gehen kann, das geht auch einmal schief.

Die Atomtechnik ist von Ausmaßen, die nicht verantwortbar sind. Dieser kleine Planet ist uns zu treuen Händen übergeben; es gibt kein größeres Verbrechen, als einen ganzen Lebensraum unbewohnbar zu machen.

---

* Robert Spaemann im Gespräch mit Dominik Klenk, März 2011, bislang noch unveröffentlicht.

Die Frage des hervorragenden Nutzens der Atomenergie wiegt das nicht auf?

In keiner Weise.

Wer ist für die Situation, die jetzt eingetreten ist, verantwortlich?

Viele Dinge, die wir tun, sind mitursächlich für etwas, das schlimme Folgen hat. Aber das Schlimme ist nicht direkt durch unser Tun entstanden, sondern durch ein Zusammentreffen verschiedener Faktoren, von denen einer unser Tun war. In diesem Sinne gibt es viele Verantwortliche: die Kernphysiker, die Wirtschaftstreibenden, dann die Politiker. Die Frage ist: Wer trägt eigentlich die persönliche Verantwortung in dem Sinne, dass man sagen kann: Er ist schuld?

Carl Friedrich von Weizsäcker erzählte mir, wie er zusammen mit den anderen gefangenen Atomphysikern in Amerika vom Abwurf der beiden Atombomben über Japan erfahren hatte. Er sagte mir: Unsere erste Reaktion war: »Wow, es funktioniert also doch.« Erst allmählich folgte die Erkenntnis: »Das ist schrecklich.«

Von der Schuld über die ersten, tiefen Gefühle der Befriedigung sind die Wissenschaftler nicht freizusprechen. Obwohl Weizsäcker vom sogenannten Restrisiko wusste, hatte er sich, als er in Österreich Bruno Kreisky beriet, für den Bau von Atomkraftwerken eingesetzt. Und zwar unter der Prämisse: Unter normalen Umständen könne nichts passieren. Die Gefahr von Krieg und Terrorismus könne man nicht in Rechnung stellen. Ich erwiderte damals: Bei einem Gefahrenpotential mit Jahrtausendfolgen müssen wir gerade Extremsituationen in Rechnung stellen.

Diese Faszination von »Wow, es funktioniert« ist auch ein Bild für den faustischen Menschen in seinem Wissens- und Machtstreben. Ist die von uns geschaffene Risikokultur bereit, die eigene Lebensumwelt fahrlässig aufs Spiel zu setzen?

Ja. Die beteiligten Akteure selbst würden zwar behaupten: Wir haben nicht mit diesem Extremfall gerechnet. Aber sie hätten eben damit rechnen müssen. Auch in Japan ist nichts passiert, das schlechthin unvorhersehbar war.

In Ihrem Essay »Nach uns die Kernschmelze« (FAZ 2006, hier S. 86) haben Sie dargelegt, dass die Beweislast der Vertretbarkeit von Atomenergie bei denen liege, die die Atomkraftwerke für sicher halten. Sie bezeichneten deren Kalkül ironisch als »das Prinzip Hoffnung«.

Die Frage nach der Beweislast in der Bewertung eines Risikos ist entscheidend. Gerade hierin gab es einen großen Wandel vom Mittelalter zur Neuzeit. Im Mittelalter galt das Prinzip des sogenannten Tutiorismus: Man muss sicher sein: *in dubio pro reo, in dubio pro vita* – im Zweifel gilt das Prinzip der Erhaltung. Wenn die Risiken, wie in diesem Fall, zu groß werden, und wenn sie gar über Jahrtausende neue Risiken schaffen, liegt die Beweislast bei den Atomkraft-Lobbyisten. Da muss wieder das alte tutioristische Prinzip gelten, das eine Zeit lang ausgehebelt war. Der Unfall in Japan ist eine Folge des neuzeitlichen Prinzips, das sich weithin bei uns durchgesetzt hat: *In dubio pro libertate.*

»Im Zweifel für die Freiheit« als ein Prinzip des Fortschritts auf Kosten der Nachhaltigkeit?

Ja. Und das betrifft in unserem konkreten Fall die Freiheit, Atommeiler zu betreiben, ehe die Frage der Endlagerung des radioaktiven Materials verantwortlich geklärt ist. Das nenne ich »das Prinzip Hoffnung«: Man fängt schon einmal an und weiß nicht, ob man je eine Lösung finden wird. Das ist frivol.

Kants Kritik der reinen Vernunft steht gewissermaßen an der Wiege der wissenschaftlichen Methoden: Wechselwirkungen von vernunftgeleiteten Theorien und ihrer empirischen Überprüfung führten zu neuen Erkenntnissen. Ein Ergebnis dieser vernunftbasierten Wissenschaft in der Neuzeit ist die Atomenergie. Hat sich die Vernunft ad absurdum geführt?

Nein. Die Entdeckung der Kräfte, die die Welt im Innersten – im Kern – zusammenhalten, ist eine ungeheuer kostbare Entdeckung. Ich glaube überhaupt nicht, dass diese Entdeckung etwas Unerlaubtes wäre, aber ihre Anwendung ermöglicht, wie alle Menschendinge, auch einen schlechten Gebrauch.

Deshalb ist es falsch, wenn Kirchenleute sagen, die Technik selbst ist gut, man darf sie nur nicht zum Schlechten benutzen. Nein: Dieser Technik sind schon schlechte Gebrauchsweisen immanent. Da die Technik gerade in der Atomforschung eng mit der Wissenschaft zusammenarbeitet – weil der Wissenschaftler seine Fortschritte nur machen kann, wenn er eine hochentwickelte Technik zur Seite hat –, gerät der Erkenntniswille auch ins Zwielicht. Der Erkenntniswille ist und bleibt legitim, aber mir scheint, dass man überall dort, wo es um Anwendung geht, um Technologie also, mit den Erkenntnissen einen sehr keuschen Umgang einüben muss. Nicht alles, was der Erkenntnis dient, dient dem Menschen; weder in der Atomforschung noch in der Embryonenforschung. Erkenntnisdrang rechtfertigt nicht die Vernichtung von Kindern im Mutterleib, er ist kein absoluter Wert.

Wolfgang Wicklers Buch »Die Biologie der Zehn Gebote« beginnt mit dem Satz »Der Mensch ist dasjenige Geschöpf, das mehr will, als es kann, und mehr kann, als es soll.«

Wunderbar. Sehr schön.

Braucht der Mensch Kriterien einer Selbstbeschränkung?

Ja, nur müssen wir genau fragen, was das bedeutet. Müssen wir unser Streben, Wahrheit zu erkennen, bremsen? Ich denke nicht, aber wir müssen es immer in Beziehung setzen zu den Kosten. Hier sind die Kosten Menschenleben. Es gibt eben Forschung, die man nicht betreiben darf. Zum Beispiel wenn für eine Forschung Embryonen gebraucht werden. Das geht nicht, denn das hieße Dinge zu tun, die dem Menschen nicht erlaubt sind. Genau das ist auch bei der Atomenergie zu fragen: Ist der Preis für den Fortschritt in der Energiegewinnung nicht zu hoch?

Sie sind Christ und Philosoph. Sind christliche Kriterien für eine Ethik der Wissenschaften, eine Ethik der Forschung entscheidend?

Zuerst einmal: Was hier verlangt werden muss, kann von jedem denkfähigen Menschen, der nicht unter völliger moralischer Defizienz leidet, erwartet werden. Allerdings gibt es eben Denkfiguren wie den Utilitarismus, die uns moralisch korrumpieren können. Und diese Denkfiguren machen auch vor den Kirchen nicht Halt. Jahrzehntelang sind auch katholische Theologen dem Utilitarismus und seiner Behauptung angehangen: Es gäbe gar keine Handlungen, die dem Menschen an sich verboten sind. Sondern man müsse immer nur fragen, ob sie einem guten Zweck dienten. Das ist das Prinzip des Utilitarismus. Das ist sowohl mit der Vernunft unvereinbar als auch mit dem Glauben.

Was für eine Anbindung braucht eine Vernunft, die dem Menschen nachhaltig dient?

Das ist eine Vernunft, die in Generationen denkt und die Erhaltung des Menschengeschlechts zum Ziel hat. Einer Geisteshaltung, die sich nicht um das Wohl kommender Generationen schert, muss eine Barriere vorgeschoben werden. Und dann wird der Glaube zu einer wichtigen Leitplanke, die dem Streben nach Wissen als Selbstwert und dem Ausreizen des Machbaren Einhalt gebietet. Der Glaube geht dann der Vernunft voraus, und das erst stellt das Vertrauen in die Vernunft wieder her. Denn die letzten 150 Jahre haben zu einer wachsenden Skepsis gegenüber der Fähigkeit der Vernunft geführt. Es gibt eigentlich heute nur einen Verteidiger der Vernunft: Das ist der christliche Glaube. Diese Erkenntnis hat für den Menschen eine verpflichtende, bindende Kraft. Dazu allerdings muss man wieder glauben, dass die Vernunft eine göttliche Wurzel hat.

Der Autor

Robert Spaemann, geboren am 5. Mai 1927 in Berlin, studierte Philosophie, Romanistik und Theologie in Münster, München und Fribourg, promovierte 1952 in Münster, war Verlagslektor und wissenschaftlicher Assistent und habilitierte sich 1962 für Philosophie und Pädagogik in Münster. 1962 bis 1992 lehrte er Philosophie an der TH Stuttgart und den Universitäten Heidelberg und München, wo er 1992 emeritiert wurde. Er hatte zahlreiche Gastprofessuren inne und erhielt mehrere Ehrendoktorwürden. Träger des Karl-Jaspers-Preises 2001 der Stadt und der Universität Heidelberg.

www.klett-cotta.de

Robert Spaemann
Schritte über uns hinaus
Gesammelte Reden und
Aufsätze I

376 Seiten, Leinen mit Schutzumschlag,
Lesebändchen
ISBN 978-3-608-94248-4

»Robert Spaemann zu lesen ist und bleibt ein großes Vergnügen.«
Christian Schlüter / Frankfurter Rundschau

»Dieser Sammelband bietet eine fesselnde Lektüre. Vielfältig in den Themen, scharfsinnig in der Analyse, brillant in der Darstellung und pronociert in der leitenden Überzeugung behandeln die aus fünf Jahrzehnten stammenden Text große Fragen der Philosophie. Das geschieht mit sicherem historischem Zugriff und in kaum zu überbietender systematischer Pointierung. So schreibt derzeit kein anderer Denker deutscher Sprache.«
Volker Gerhardt / Die Welt

Klett-Cotta

www.klett-cotta.de

Robert Spaemann
Schritte über uns hinaus
Gesammelte Reden und
Aufsätze II

347 Seiten, Leinen mit Schutzumschlag,
Lesebändchen
ISBN 978-3-608-94249-1

»Wenn Sokrates' Muttersprache Deutsch gewesen wäre, er hätte gesprochen, wie Spaemann schreibt.« *Ijoma Mangold / Die ZEIT*

»Wir tun niemals einen Schritt über uns hinaus«, so charakterisierte David Hume pointiert die »moderne Weltanschauung«, deren Schattenseiten Robert Spaemann entfaltet. Meisterhaft setzt er dieser Haltung Kunst und Kultur, Philosophie und Religion entgegen. Sie geben uns im Leben, in der Welt und zu unseren Mitmenschen Orientierung und Halt.
Anders gesprochen: Wir können gar nicht anders, als uns zu überschreiten – und damit letztlich auch das Dogma der Moderne.